U0254207

中國風景園林名家名師

吳良鏞署

中国风景园林学会　主编

金柏苓

中国建筑工业出版社

编 委 会

编委会的话

中国园林历史悠久，新中国成立之后，特别是改革开放以来，风景园林事业发展加快，优秀的设计作品及理论对行业的发展有着十分积极的推进作用。中国风景园林学会组织出版本系列丛书，记录下那些长期为推进风景园林行业发展和科技进步做出突出贡献的风景园林工作者的理论研究、实践总结，甚至是心得感悟，意在为行业的传承创新留下宝贵的资料。这些作品也是我国风景园林事业发展的历史见证，对于促进学科发展，鼓励教育后人，有深远的意义。

本丛书所汇集的文章、作品均出自长期活跃在教学、科研、实践等各条战线上的风景园林人之手，他们中有见证并参与了新中国园林行业诞生和发展的老前辈们，也有作为中流砥柱并承担着传承创新重任的中青年行业工作者。我国风景园林事业的欣欣向荣正是这样一代又一代风景园林人努力奋斗的结果。他们勤奋刻苦、务实求真所取得的卓越学术成果将为继往开来的园林人铺就前进之路；而他们那甘于寂寞、无私奉献的高尚情操也将感召一代又一代的学子投身于祖国的风景园林事业。我们期待有更多风景园林名家名师的作品问世，推进我国风景园林学科更加繁荣发展！

中国风景园林学会理事长

2013 年 9 月

史鑒文魂

孟北楨

序一
平实·率真·据理·宜梦
——赞金柏苓君"史鉴文魂"

人到老年，著书答世，对于世代文化积累有重要的意义。对于风景园林学科而言，在凝聚力量共筑中华伟梦的现实中就更有特殊的意义。在我印象里，柏苓是一位园林建筑学家。泛读"史鉴文魂"后我才认识到他是一位名副其实的风景园林学家，专长在建筑。这以前我读过他的文章，文风一如既往而认识与时俱进了。更系统、更集中、更灵活地抒发了他的心志，因而也就更能感人，以理服人。

本书第一部分的主题是"史鉴文魂"，一线贯穿所有的七个篇章。像三世佛一样，畅抒了风景园林的过去、现在和将来。总的心情平静、恬淡，没有丝毫浮躁；但说到"横眉冷对千夫指"之处，则又是犀利、无情。说实话、干实事，不但敢于说，而且善于说。都是平正、翔实之言，故感人至深。历史是既往事实的记述，"研今必习古，无古不成今。"各代的人从历史中获得正反面的教益几乎形成普遍的规律。镜子能客观地反映真假和美丑。白雪公主照出来总是美而妖婆照出来总是丑。妖婆把镜子摔碎了，碎片的镜子还是都道他丑。这就是镜子明鉴的本性。如果以史为鉴来观察"景面文心"的风景园林，那就可以认识到园林深处的灵魂。柏苓构想的命题说明他是当之无愧的现代文人，以文明志、以文抒己、以文感人。

柏苓是我的大学老师金承藻先生的长子，从小就很自然地接受了家学渊源的文化熏陶。从小学习书法、绘画和揣摩金石艺术。在平面构成方面打下了坚实的幼功基础。从小学、中学到大学都是高端的学校。金承藻先生是教"画法几何"的，能举重若轻地传授此道。平时素描、水彩随兴而发。这无疑地对柏苓产生了深厚的影响。柏苓从清华大学毕业后在全国的画展上时常可看到他的画作，随遇而安。在兰州工作时画的是黄河大铁桥。我曾有意考他，求他画一幅"路类张孩戏之猫"（《园冶》语）。因金先生曾请老师专教柏苓画猫，因此擅于画猫。在金先生的点拨下柏苓完成了这幅画作。我非常满意，画中小花猫用猫爪扑打毛线团，毛线自成"之"字曲线，体现了"兴造假山路要类同张孩戏之猫"的造山理法。而最令我感动的是他的水粉画《清漪园》后山与后溪河。准确、生动、云烟缭绕，饶有中西融合的特色。我将建议中国园林博物馆收为馆藏。柏苓也常以诗言志，设计作品上都有诗画、书法和金石艺术。他在这本著作中充分地发挥了这项优势，凝诗入画的形象美最宜抒发园林艺术。

"一招鲜吃遍天"生动地说明了特色是艺术的生命。本书的第一个特色是视野开阔，站得高才看得远。古今中外，从宏观到微观，从比较中觅真见。知己知彼，百战不殆。借助于他不仅对国内风景名胜区和城市园林作过周密的考察，而且有机会到世界上一些国家考察和摄影。不仅有读万卷书的积淀，而且有走万里路的经历。在这样厚实的基础上有所薄发那是自然有含金量的。

第二个特色是把基点放在核心的价值观。自古而今，中国的文人创造写意自然山水的目的何在，是要以诗言志、以歌咏言、以画抒心，创造一个理想的甚至是超现实的诗意栖居、画意游览的寓意自然山水环境。立意之要是"以和为贵"。皇家园林追求"九州清晏"、私家园林向往"清平世界"、风景名胜区要人与自然高度地协调。而后，追求健康长寿，与日月天地共长久。这对于人民大众而言代表根本和长远的利益。本书作者用不少篇幅强调以公共的景物环境为公众服务。一任社会往前发展，就环境而言还要给人以返回自然的真境。爱国主义联系爱山水文化，这就是中国风景园林的核心价值观。

我对古代传统园林都是以无比崇敬的心情去赞美，这也是我的爱国主义情感的重要依托。然而事物都有两面性，在传承传统的作品中也不乏路子不正和实际效果不如人意的。我对这方面也有所感知，但没有从正反两方面去论证。柏苓此作很尊重汪菊渊、周维权这样的前辈老先生撰写的中国园林史。对于其中有些老先生来不及论及的部分，他都作了应有的补充；对于古代园林中的一些败笔作了实事求是的分析和批评；对于现代建设中出现的功利主义、急功近利和广场风等都作了切实的批判。敢于铁肩担道义，文语不犀利不足以引起重视，说足了才能矫往。他重视直接引用恰当的史料来印证观点，因此说服力强。

言简意赅而颇有文意、图文相佐而意象俱全是本书在表达方面的特色。他的画作不分中西我都是很欣赏的。特别值得一提的是照片拍得好。中国园林的经典场景、国外的林间草地、城市景观等等，都令人见景生情。风景园林研究空间形象，如无图印证怎能服人。

功夫不负有心人。他最后在"设计选例"中出示的一批新作体现了在今天形势要求下对中华民族风景园林传承和创新的成就。之所以能不间断地发展，完全基于不断地创新。中华风景园林饶具中国特色和各地域的地方风格。我们要满足现代社会对居住环境和休闲生活的需要。作为综合国力，要凝聚风景园林的力量，融入中国梦，兴造理想的梦境。

感谢金柏苓君和一切致力于本书的工作人员对中国风景园林事业的贡献。欢迎大家对本书批评和指正。

孟兆桢

2014.7.5

序二
一本不可不读的薄书

大凡好书都含有中国园林的精神：小中见大。一本薄书读进去，常常是路转峰回、流连忘返。眼前这本金柏苓先生的著作即是如此，薄中隐厚，以一种全新的研究思路引领我们探寻中国园林美的历程。

全书分为两部分：第一部分"园林史论"尤其是精华所在，没有通常琐碎的考证，而是直指中国园林的灵魂——文化，揭示其兴衰轨迹；第二部分"设计选例"虽是其大量作品的冰山一角，却点出园林学科的实践特性。自古纸上说园多于地上造园，童寯先生曾论其浅，而金柏苓先生理论和实践相接、说园与造园并秀，这样的书求之不易，焉可不读？

我感觉本书亮点有下列数端：

一、历史脉络的清晰，茹古涵今的连贯

全书浓墨重彩的是一些最基本的问题：中国园林是什么？它们为什么会是这样而不是别的样子？先人们想了些什么？就这么简明！正如"我是谁"哲学命题一样的基本。

沿着这样的思考，书中以数组历史园林为节点，串联起皇家园林与文人园林两大脉络，剖析其文化思想演变过程，旁涉哲学、文学、艺术、时代精神多个层面，条分缕析，引领我们从远古走向近代、走到当下，并在最后一章"走向公益"中，将今天也拉入这一流动的脉络，让人切实感到我们也正在其中。

在这一脉络演变中，文人化及文人园林成为最活跃、最积极的因素，也是中国古代园林的核心价值所在：即通过园林化的生活环境，回归人的本性，消除社会因素对人的异化，这是金柏苓先生的深刻总结。江南私家园林的成就、皇家园林的鼎盛、园林演变的时期划分、清末私家园林的衰落，无不与此相关。它让人一目了然：原来中国园林就是这样，一步步走到今天！

这其中的积极因素也正是我们走向明天的基石。金柏苓先生时时观照现实问题，给我们展现了一部生机勃勃、活的历史，一部充满文化自觉自信的历史。书中宏观把握中国园林艺术的创作规律，重在揭示起源、进步、繁荣与衰落的过程；在俯视中华大文化的历史进程中论述园林，进而把其中的"逻辑"从历史雾霾中提炼出来，使之清晰鲜明。

如此，既免于陷入罗列史料与孤立考证的思维定势，同时又把握了园林艺术的自身规律，与社会史相区别，构成一个独立的园林思想体系。

二、立前所未有之论，成一家独到之言

园林学科的一些基本概念，其模糊由来已久，金柏苓先生则以缜密的思想进行了

新的诠释，如"文人"是中国园林理论的一大命题，众说纷纭，大多浅尝辄止，而本书详述其概念的内核外延，直观清晰，成为其思想体系的基石；又如现代园林与古代园林的区别，以往论者多从形式入手，常常隔靴搔痒，不及要领，金先生则归结为"公益"，一针见血。如此精辟之言不一而足。

有史料不等于有思想，以往一些被忽略的史料，经过作者的精微洞察有了新的内涵；过去受意识形态话语以及社会史的影响，对一些历史园林事件的评判，或含混谴责，或漫天过誉，缺少专业立场与学术标准，如隋代西苑、清代扬州园林、胡雪岩故居等。书中皆以理性学术的目光，得出全新的结论。

三、文风通达严谨而生动，叙述朴实富于回味

"自然而然"是金先生归纳的中国园林特点，这一点也体现于他的写作之中。园林是生活化的学问，并非玄妙莫测。书中纵横千年史料、融汇多门深奥学科，皆能娓娓道来，如读陶诗，平淡中透着怦然心动的远意。对涉及的疑难问题，都给予明确直白的回答。寥寥数语虽是苦心孤诣，却不落晦涩深奥，如山泉轻溢，润物无痕。

精彩者如艮岳的评价，对其艺术成就有肯定而不过誉：它是中国园林发展史的里程碑，中国古代园林文人化的标志。对其不足也直言不讳：缺少对皇家园林固有主题的深入表达，同时又将其操作中的过失，定性为"扰民"而不是"殃民"，这样的区别评判不仅理性严谨，而且简洁有趣。尤其后者，非有园林实践经历难以如此精准。

凡大学问者必能深入浅出，这正是金先生学识与境界的体现。

四、在继承中发展，在发展中突破

如果参照周维权先生的《中国古典园林史》，可以发现二者之间的师承、突破与互补。这是一条学术正道：继承后的突破，而不是全盘否定式的"创新"。

传统史学以乾嘉考据为基本方法，这一治学之路在中国园林学科建立之初至为重要，而学术整体发展的今日，归纳提炼已成为学科建设的更高要求。由史出论，将研究推向新高度是后人的职责，花粉成蜜关键在一"酿"字，这其中需要一份执着、澹泊与勇气。本书无疑就是这样的结晶，一个更高层次的薪火传递。

广泛来看，书中的研究方法与大史学研究的新趋势相呼应，也与美学、艺术史等相关学科新进展相同步，这使得其成果更具有学术的前沿性。

这种传承突破同样体现在他的设计作品中，游步其间总有一种"新而中"的感觉：身处当代园林境域，心中却被唤起诗画的古韵；读者只要身临其境，自然有所感悟，此处不再赘言。

研究中国历史，归根到底是对中国人存在价值的尊重。记得我第一次到加拿大UBC亚洲中心阅读时，发现诺大书库，中国园林书籍居然不足一个书柜，而相邻的日本园林著作却连排充栋，当时惭愧攻心，多年难忘，也由衷对民族文化尊严的建设者充满敬意。

　　我初识作者是在孟兆祯先生家里，那时孟先生指导我们避暑山庄论文，请小金先生为我们补习古建知识，客厅里大家随意而坐，我们匮乏得不知从何而问他则不厌其详。其情其景年久益清。后来我又与他共事于北京园林古建设计研究院，观其设计，读其诗画，总能感受到一种超然与洒脱。此次有幸先睹他的新著并受邀作序，作为晚辈诚惶诚恐，这似乎有违"请尊者序"的惯例。而他则以一贯的超然述其心情：惟望本书真正起到一点承上启下的作用，有助于后来者能够读懂传统、延续历史。就这么单纯！较之蝇利浮名，中国园林文化的发扬光大才是最为重要的。

　　读罢书稿，久久回味，难以相信这样的作品出自一个浮躁功利的时代。文如其人、园如其人，交融其间的不正是一个澹泊静明的文人情怀吗？而这，也正是中国园林学科更为急需的构建！

　　于是抛砖为序，其余还是留待读者去品味。

2014 年 7 月

（夏成钢，著名园林专家和学者，北京林业大学客座教授，《中国园林》杂志编委）

作者简历

金柏苓

1943 年生于北京

1968 年毕业于清华大学土建系建筑学专业

1968 ～ 1979 年先后在青海、甘肃的第四冶金建设公司工作

1979 年就读清华大学建筑系研究生，随导师周维权先生研习中国园林的历史、设计理论等。其间除了清华的老师外，也受教于孟兆祯、孙筱祥等多位林大的学者。论文题为《清漪园后山景区的造园艺术及复原设想》。1982 年毕业并获硕士学位

1982 年开始在北京园林古建设计研究院工作，历任室主任、副总工、副院长、总工、院长。技术职称为教授级高级工程师。2003 年退休后被聘为院顾问总工至 2013 年。同时在园林行业的学会、学刊亦兼顾问。

在园林设计院工作期间，作为设计主持人和主要创作人的多项设计被评为国家、建设部、北京市等各级优秀设计奖。如：元大都城垣遗址公园的蓟门文化社景区 (1985)，紫竹院公园筠石园友贤山馆 (1986)、筠香楼 (1997)；北京植物园盆景园 (1995)；日本登别市天华园 (1991)；德国柏林得月园 (2001)；颐和园耕织图景区复建工程 (2003) 等。退休后完成的设计项目如：北京密云云水山庄主体建筑；紫竹院公园水榭重建；2013 北京园博会古民居展区等。

设计工作之余兼作园林理论、历史的研究，在《北京园林》、《中国园林》、《风景园林》、《圆明园》等专业期刊上发表过多篇论文。如："中国园林的观念与创造"系列论文（"史鉴文魂"的原始稿）；"理解园林文化"；"何谓风景园林"；"何来园林建筑"等。

目录

第一部分 思欲求明——园林史论

史鉴文魂——中国园林的心路与兴衰

引言

　　我 20 世纪 60 年代读大学，学的是建筑学。那时候正是"革命化"的高潮期，文化知识已经成了革命的对象，几乎无法正常学习。毕业后好多年，自己觉得还是不太懂建筑，对建筑历史也只有支离破碎的认识。后来"读研"，随已故的周维权老师学习中国园林。鉴于过去的教训，我就想先把诸如"什么是中国园林？"，"颐和园和苏州园林为什么会是这样而不是别的样子？"等等这些最基本的问题尽量弄明白。

　　大约在 20 世纪 80 年代，我很努力地查阅了当时还不是很丰富的有关园林历史和文化的书籍以及资料文献。这让我对中国园林的认识比较全面和清晰了；同时也让我更深刻地理解了中国园林初创、发展、传承以及变迁的漫长的历史过程；领悟到颐和园和苏州园林的问世既是发展的结果，也可以说是发展中的一个阶段，之前的中国园林不完全是这样，之后的中国园林也一定会不断演进。除此之外我也发现，对中国园林演进和盛衰的因果，似乎还少有较为深入的分析和解释。

　　当时对待传统文化习惯上还局限于"古为今用"的原则，和在"阶级分析"的基础上"取其精华，去其糟粕"的方法；而长期极左式的操弄导致的对"精华"和"糟粕"尤为简单化乃至荒谬的界定和认识，使得园林文化在主流观念中竟全无容身之地。80 年代后，古典传统虽然得以正名，可是园林学的基本理论框架还存在着很多缺陷和空白（这也许是后来种种争议的实质原因）。如当时论园林者更多还是从形式入手，而且往往就园林而论园林，较少关注园林形式背后的观念因素。我想这可能是我们过去认识传统园林很大的一个问题。我自己学习的体会是，古今的园林似乎都更应该是文化的载体，特别是人与自然关系方面文化的载体，同时也是一种生活理想和价值观的表达，形式在某种意义上只是表象，文化才是园林艺术的灵魂和发展演变的内在动力。当然这里所指的不是后来被经常用为政绩和商业炒作的那种浅薄的"文化"。

　　人们都要为了认识世界而读书学习，其中一部分人有了一定的认识之后还会产生某种解释世界的冲动，并希望和更多的人作交流。不幸我就有这个毛病。80 年代末，我把我的学习心得整理成六篇文章，后来以"中国式园林的观念和创造"为题，系列发表在 1990 ～ 1991 年的《北京园林》杂志上。时过 20 年回过头再来看，很多内容已经不新鲜了，而且有些杂乱，还有许多不准确、不妥当的地方。但是我觉得这些文章从中国园林历史的长河中，选择一些关键性的"节点"，联系社会文化的背景加以分析点评，以此来探讨、解释中国古代园林发展演进乃至衰落的过程和因果，更多关注人们"想了些什么"而不仅是"做了些什么"等，都还可以说有些独立的见解。由于它是自己为了弄清楚中国园林的来龙去脉而学习、思考的结果，或许对后学者能有所助益，所以退休之后在林大刘晓明教授的提议和帮助下，又把它们重新改写了一遍，删减并补写了一些章节，让内容更集中在文化观念这条主要的线索上。为了适宜更多读者，并让对理解而言最为重要的逻辑关系更加明晰，所以篇幅尽量求短，避免通常学术论文太多的征引和考据。

改革开放以来尤其是近20多年，中国逐渐走出了封闭，很多方面和当代世界最新的学术成就和文化理念开始有了互动，园林学作为学科和国际上公认的 LA（Landscape Achitecture）学科"接了轨"，知识结构也与时俱进地有所调整和补充，但也再次出现了完全否定过去的传统或置疑传统对于今天价值的学术观点。我以为与国际"接轨"并不意味着中国园林的传统就此终结，而是要在社会进步、学科发展的条件下把其中最有价值的东西延续下去，让它像当年曾经独树一帜并影响世界一样，担当现代园林学体系中有独特贡献的"合伙人"的角色。因此中国园林业者除了要掌握当代学科的基本知识之外，还有一些必修并要促使世界了解的知识，主要是我们深厚的园林文化传统和技艺。若忽略这部分知识，中国园林就会失去自己的特色和创新的出发点，如同放弃在世界学术界的"原始股权"。这部分很重要但却无法求诸哈佛或伯克利的知识，需要我们自己不断充实和完善。一位收藏家认为："中国的潜在危险是收藏家已经有钱去买国际当代艺术，但没有思考为什么要买……可怕的不是把你的钱洗干净，而是把价值系统和树立价值系统的愿望给摧毁掉，摧毁之后你的收藏就贬值。没了价值系统怎么办？只能用西方的价值系统"。其实这个问题带普遍性，关键是我们自己要树立的价值系统应该是合理而先进的，与世界和而不同的。

我一直认为园林是艺术，或者是以艺术创意和美为重要价值考量的学科，最初入这个门也是出于对这种独特艺术的喜爱。有人说古典园林可以认为是艺术，现代园林则首先是科学。我想园林也许不是诗歌绘画那样"纯粹"的艺术，而现代园林即便首先是科学，其高端却仍然是艺术。这就不同于火箭和卫星，它们的价值永远取决于所达到的科学技术水平。

艺术离不开美，朱光潜先生曾把"美"简明定义为"有意味的形式"。按照中国的文艺理论，艺术都有"形"和"神"两个方面。"形"即形式，比较具体，故容易学习和掌握；"神"在很大程度上就是"意味"，意味越深长，越难以捉摸。

图 1-0-1　颐和园后山图（作者绘于 1983 年）

所以对中国园林艺术的"意味"还需要从理论上更深入地加以研究。而追寻它历史发展的轨迹，则是求其神的第一步，也是不可或缺的一步。

2012 年岁末

当代园林学简单说就是如何营造良好的人居环境（主要是室外活动场所）的学科。所谓环境"良好"的标准，一要舒适宜人，二要景观美丽，三要有文化品位和内涵。第一个方面人类差不多都是一样的，因为人们的"性相近"，都需要接近自然以改善环境的生态质量，并且不约而同地把植物和水视为舒适环境的不可缺少的要素；而第二个和第三个方面，世界各地区和各民族就不同了，因为大家的"习相远"，对什么是园林的美和如何表现园林美有着很大的差异。形成这些差异的直接原因则要追溯到这个学科的起源，即古代的园林和花园。虽然限于社会和经济的发展水平，古代园林和花园只是人类环境很小的一部分，但却为人们心目中什么是美的环境和依照什么样的原则来营造环境（即审美价值取向和创作理念）奠定了基础和标准。

园林的历史和建筑的历史几乎一样古老，但建筑对人的基本意义几乎是一以贯之的，即为人类的居住和主要是室内的活动营造出一个舒适和安全的场所；而园林的最初形式是生产蔬果药材的"园圃"，在人类社会发展到一定的水平后，逐渐把生产农副产品的功能从园林中剥离了出去，园林的主要功能转变为审美。原因是这个时期的古代人类开始在精神上想象和追求一个比现实世界更完美的理想世界，同时也开始关注和思考人与自然关系的问题；园林则被赋予了表现人类的理想王国和人与自然关系理念的使命。由于古代人类族群处于相对分割和缺少交流的状态，他们各自所处的自然环境、社会组织以及宗教信仰不同，对理想王国和人与自然的关系就有不同的认识和理解（如西方的伊甸园和中国的仙岛神山），于是他们创造出了不同的园林。

中国园林的历史长达三千多年，成就非凡，是中国传统文化重要的组成部分。它充分体现了古代中国人特有的理想主义、浪漫主义和创造文化的能力；其演绎的过程亦和中国古代的政治、经济、学术等等有着密不可分的关联。对中国园林的历史有一个比较清晰的了解和认识不仅是园林从业者必要的学养，也是全面理解中国传统文化艺术不能忽略的领域。

第一章　汉唐雄风——早期的皇家园林

皇家园林和私家园林（文人园林）是中国古代园林的两个最基本的类型，也是研究中国园林的两条基本的线索。由于皇家园林最早出现而且一直占有重要的地位，所以大凡考查中国园林的历史发展，都是从皇家园林入手。

著名的美学宗师朱光潜先生在论述种种曾经发生过的艺术潮流的兴衰规律时，十分精辟地指出："一种（艺术）作风在初盛时，自身大半都有不可磨灭的优点，后来闻风响应者得其形似而失其精神"（《谈美》）。那么，中国皇家园林在它的初盛时期，有哪些"不可磨灭的优点"呢？

中国的帝王苑囿（即皇家园林）起始于殷周时期各诸侯国由国君掌管的国有禁地。这些禁地被用来举行国家重要的政治、军事和祭祀的活动，生产和饲养祭祀、典礼所用的农副产品和牲畜，同时也用来驻军。后来有些国君就利用其中的场地建造享受行乐的设施，如商纣王的"酒池肉林"之类。"囿游备行乐，卒以开人君盘游之乐，而离宫别馆未必不自此启也"（《周礼》）。然而就内容而言，那时的苑囿主要还是供实用而不是审美。其中虽有些设施，但"榭不过讲军实，台不过望氛祥"（《国语》），超过这个限度就要受到舆论的批评了。其实规模较小更主要的原因是国力还不够。如《拾遗记》载周灵王起昆昭之台："得嵎谷阴生之树。其树千寻，文理盘错，以此一树而台用足焉"。这棵树无疑非常之大，但同时也说明建筑的规模还比较有限。战国时期有些大国诸侯在苑囿里造了一些更为豪华的台观，著名的有赵之丛台、楚之章华台、吴之姑苏台等等，但若与后来几乎要把"蜀山兀"的秦帝国的宫苑比起来，就不能同日而语了。

一、巨丽之美

苑囿的主要功能从实用向审美的转化是到秦汉才完成的，那是因为秦汉在中国建立了统一的帝制国家，有向天下宣示皇权至高无上的政治需要，服从于这种政治文化目的的审美功能就成为园林的核心价值。为了"美宫室以壮天子之威"（汉丞相萧何语），秦帝国和汉帝国都不惜工本，建设空前宏伟壮丽的京城，还把京城附近的大片土地辟为苑囿。皇家园林于是应运而生了。

秦汉以降一直到中国古代社会最后的清王朝，几乎历朝历代（包括一些短命或偏安的小朝廷在内）都要营建皇家的园林，其间颇有几次造园的高潮。中国北方的三大古都——长安、洛阳、北京——及其附近地区是皇家园林的荟萃之地，而长安的皇家苑囿则是皇家园林早期风格的代表。

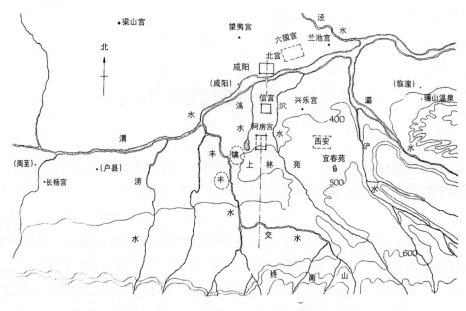

图 1-1-1　长安一带宫苑分布图——秦咸阳

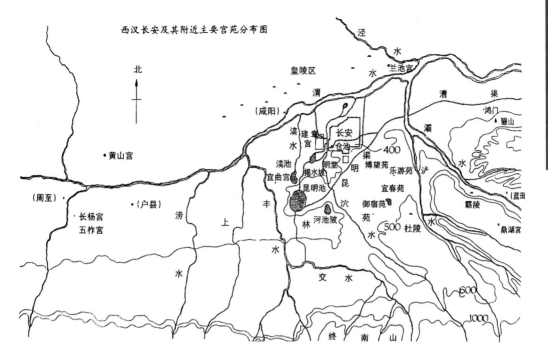

图 1-1-2 长安一带宫苑分布图——汉长安

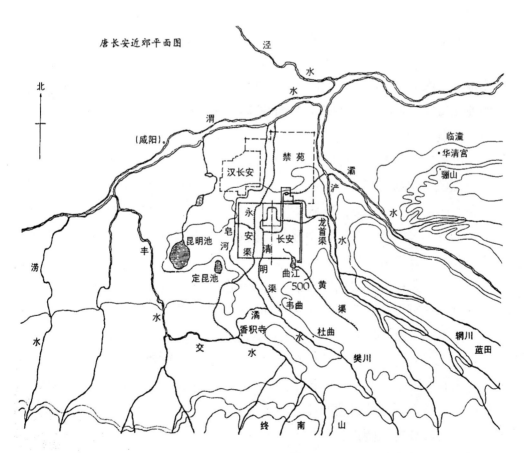

图 1-1-3 长安一带宫苑分布图——唐长安（以上 3 图引自周维权《中国古典园林史》）

秦咸阳、汉长安和唐长安的区位很接近，都属于如今陕西南部的渭水流域，是统一中国最早的建都之地（图1-1-1～图1-1-3）。汉、唐是中国历史上最强盛的两个朝代，汉长安和唐长安不仅跻身当时世界上规划建设最好的城市，而且拥有占地广阔的皇家苑囿。在广阔的苑囿里建造一座座离宫，就是皇家园林最初的形式。苑囿是离宫的环境，离宫是苑囿的主题。

秦代和汉代最重要的苑囿都名为"上林苑"，也可以视为同一苑囿的延续。上林苑占地广达三百余里，内有山林池沼和广阔的田野，可以围猎、农垦、驻军，实际上是卫护京畿并为皇家直接掌控的自然原野和军事禁区。苑囿中的山林池沼一般都是未加改造的自然状态，虽有部分水体经过整治，离宫里还会引种一些"奇花异草"，但比重相对较小。

早期的离宫和大内宫殿还没有太大的差别，其规模和尺度远比后来皇家园林里的建筑大得多。秦上林苑中离宫百余所，著名的阿房宫是计划要建的最大的一所，最后虽然连前殿也没建成，便已"役徒七十万"。计划中的大殿"东西五百步，南北五十丈，上可坐万人，下可建五丈旗，周驰为阁道，自殿下直抵南山"（《史记》）。规划的气势可称得冠绝千古，显示出统一的秦帝国所能聚集的空前的生产能力。汉上林苑有离宫七十所，皆"可容千乘万骑"，其规模当不下于秦宫。

秦皇汉武之所以建造如此巨大的宫苑，其主观的动机固然是表现皇权的威重，但从社会发展的宏观高度来看，秦汉是中国历史上一个开拓精神极强的时代，人们怀着开拓人类活动新领域的强烈愿望和天真的想象注视着外部的世界，注视着广阔无垠的山海云天。汉代主流社会较前朝包含更多南方楚文化的"基因"，既有先秦的理性精神，又有与巫术神话相关的浪漫气质，其文化表现是一种外向的"包括宇宙，总览人物"的巨丽之美。规模宏大的秦宫汉殿，正是巩固皇权的政治需要和这种审美意识的共同产物。

对自然的欣赏到秦汉已十分自觉，而且这种欣赏是全方位的，不在一石一树一丘一壑，而是要"横八极，致高崇"，"总览"那无比广阔而丰富多彩的大自然。汉代重要的经典《淮南鸿烈》特别强调，人除了衣食之外还要放眼外部的世界才能得到最大的快乐："凡人之所以生者，衣与食也，今囚之冥室之中，虽养之以刍豢，衣之以绮绣，不能乐也，以目之无见，耳之无闻。穿隙穴，见雨零，则快然而叹之，况开户发牖，从冥冥见昭昭乎？从冥冥见昭昭，犹尚肆然而喜，又况出室坐堂见日月光乎？见日月光，旷然而乐，又况登泰山，履石封，以望八荒，视天都若盖，江河若带，又况万物在其间者乎？其为乐岂不大哉？"这段话十分精彩地道出了秦汉时期人们以天地之大为美的审美取向。秦汉宫殿通常建在高大的夯土台基上，苑囿里的离宫还可以借助自然的地势加大台的高度，从这样的高台上向外观赏的正是如文中所向往的辽阔而粗犷的大自然（图1-1-4～图1-1-6），至于离宫内部的空间以及局部的景致，那个时候似乎还不大讲究。

图 1-1-4　观赏辽阔而粗犷的大自然　视天都若盖,江河若带,其为乐岂不大哉?（网络图片）

图 1-1-5　陕西神木 4000 年前的古祭坛遗址,早期皇家园林渊源（网络图片）

图 1-1-6　在避暑山庄这样的皇家园林里还能找到一些类似的感觉

我们不妨想象一下，在渭水、咸阳、长安一带广袤的山林原野中间，矗立着一座座宏伟的殿阁台观，它们之间有长长的阁道相连，不加修饰的大自然构成宫殿的深远而浑厚的背景，山林里回荡着围猎的鼓角和战马的嘶鸣……。那是远古时代所特有的阳刚之美，其突兀峻峭的形象和巨大的尺度，严整而刚健的构图，率真而原始的力感，都是与今天人们熟悉的清雅隽秀的山水画式的园林十分不同的艺术风格与气质。

"巨丽"是秦汉宫苑的基本特色，代表了当时的审美取向，也与当时神话皇权的政治需要相一致。但是仅靠夸张的表现毕竟简单了一点，缺乏后来中国园林艺术的那种含蓄；而且建造这样的巨构要征集数十万乃至上百万人用奴隶式的劳动来完成，以至于给人的压抑感会常与美感同在，含有一层悲壮的底蕴。

二、欲与神通

古代神话传说中的仙境成为皇家园林的创作主题是园林史上一次重大的进展，它使皇家园林除了简单的威严和壮观之外，增添出了神奇和浪漫的色彩。

远古的神话始自何时无法考察，但这些神话传说很多都和遥远的高山、大海以及天象等自然事物有关。中国拥有广大的疆域，在这个疆域中极目所见的，有人们熟悉的丘壑田园，也有当时人们还无法"亲密接触"的山海云天。神秘的自然世界和自然现象激发了人们丰富的想象，产生了如昆仑瑶池、东海仙山之类的神话和传说。在人们的意念中，那里存在着一个比现实的人间远为完美的世界。

神话传说之所以影响皇家的造园观念，直接的原因是关于人可以通神，可以从仙界求得长生不死药的传说，投合了秦皇汉武最大的却无法通过强权或暴力来实现的愿望。秦始皇派徐福出海前往仙岛求取长生药，还在咸阳"作长池引渭水，东西二百里，南北二十里，筑土为蓬莱山，刻石鲸长二百丈"（《三秦记》）。这个长池看来是个水库，但其中人工刻意而为的蓬莱山和石鲸附会了东海仙岛传说的内容，这也许是以神话为主题的园林的发端。

汉武帝是中国第一个鼎盛时期的皇帝，其文治武功在历史上都有相当高的评价。武帝独尊儒术，但好神道求长生的兴趣尤甚于秦始皇。当时以董仲舒为首的儒生一改孔子"敬鬼神而远之"的怀疑态度，鼓吹"君权神授"。而一班后来被冠以"神仙家"之名的方士则不遗余力地助长武帝迷信"仙迹"和"欲与神通"的梦想。他们对武帝说："仙人可见上"，但"宫室被服不象神，神物不至"。意思是只有在人间建造起和仙境一样的宫苑台观才能招至神物，甚至煞有介事地知道仙人有"好楼居"的习性，把个武帝"忽悠"得四处起招仙阁，作迎仙馆，派专人守护其中等候着神明的降临。

　　既要"象神"就得知道仙境是个什么样子，于是这些方士对民间流传的神话加以归纳和演绎，且言之凿凿，好像仙境真的存在。如关于东海神山的描绘是："蓬莱、方丈、瀛州，此三神山者，其传在渤海中。……盖尝有至者，诸仙人及不死之药皆在焉。其物禽兽尽白，而黄金银为宫阙"（《史记·封禅书》）。又如关于昆仑瑶池的描绘是："西王母所居宫阙在龟山春山西那之都，昆仑之圃，阆风之苑，有城千里，玉楼十二，琼华之阙，光碧之堂，九层之室，紫翠丹房，左带瑶池，右环翠水，其山之下，弱水九重，洪涛万丈，非飚车羽轮不可到也"（《西王母传》）。这就是传说中，确切地说是人们想象中仙境的蓝图。

　　怀着求仙通神的急切愿望，又有鼎盛的国力、充盈的国库作后盾，汉武帝不顾东方朔等人的劝谏，在秦旧苑的基础上重新辟建上林苑并另置甘泉苑。《汉书》上记载："武帝建元三年开上林苑，东南至蓝田、宜春、鼎湖、御宿、昆吾，傍南山而西至长杨、五柞，北绕黄山，历渭水而东，周袤三百里，离宫七十所，皆容千乘万骑"。《三辅黄图》记载："甘泉苑，武帝置，缘山谷行至云阳，三百八十一里，西入扶风，凡周回五百四十里，苑中起宫殿台阁百余所，有仙人观、石阙观、封峦观、鹊观"。汉代苑囿占地之广，气势之大，实非今日所易想象（图1-1-7）。

　　由于武帝所建离宫多有迎仙通神的功用，形式力求"象神"，所以就和通常的宫殿建筑有了区别，那些专门用来招仙的台观等建筑当然更为如此。中国园林中的建筑不同于一般建筑并在一定程度上自成体系，是中国园林的特点之一，追根溯源亦应始于汉代。

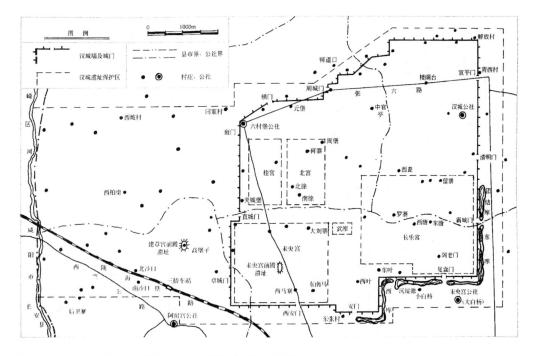

图1-1-7　汉长安遗址保护区（引自汪菊渊《中国古代园林史》）

三、前宫后苑，一池三山

汉苑在规划上取得的另一个重要进展是，离宫内出现了模拟仙境的人工或半人工的园林，宫和苑开始分置，初步形成了后世多数皇家园林采用的前宫后苑的基本格局。

建章宫是汉武帝时期最具代表性的离宫。宫周回三十里，"度为千门万户，东凤阙，西虎圈；北太液池，中有渐台、蓬莱、方丈、瀛州、壶梁；南玉堂，璧门，立神明台、井干楼"（《史记》）。

"建章宫北治大池，名曰太液池，中起三山，以象瀛州、蓬莱、方丈"（《汉书》）。

"宫之正门曰阊阖，高二十五丈，亦曰璧门，左凤阙高二十五丈，右神明台；门内别起凤阙，高五十丈；对峙井干楼，高五十丈"（《三辅黄图》）。其中神明台为祭仙人处，"上有承露盘，有铜仙人舒掌捧铜盘玉杯，以承云表之露，以露和玉屑服之以求仙道"（《庙记》）。

从以上记载可以看出建章宫的建筑体量非常大，尽管古书记事常有夸张，但汉宫和秦宫一样也以高大取胜则是无疑的。不同之处是建章宫的布局分为两个部分，一部分是南部的宫殿区，另一部分是北部以太液池为主体的园林区，这在过去是没有的。

《关中胜迹图志》和《陕西通志》中各有一幅后人绘制的"建章宫图"（图1-1-8、图1-1-9）。图里的建筑已非汉式，且细节与原始记载不尽对应，但别无他证，权作参考。

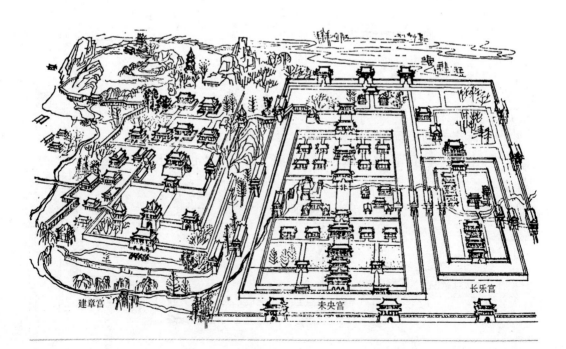

图 1-1-8　汉三宫图（引自汪菊渊《中国古代园林史》）

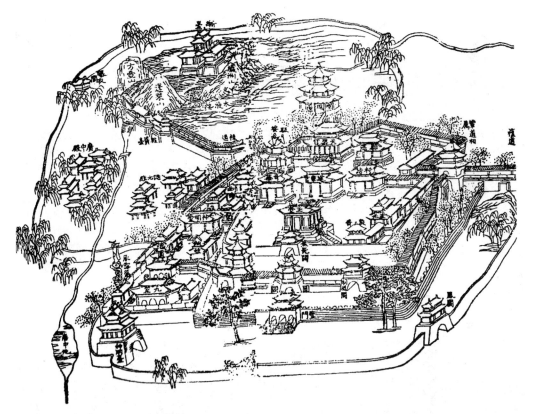

图 1-1-9 《陕西通志》中的建章宫图

南部宫殿区即所谓"前宫"。建章宫为了追求宫室被服的"象神",创作了许多前所未有的建筑形式。如圊阖门之所以被称为璧门,那是因为它的椽头上满镶玉片的缘故。又如神明台上的仙人承露盘是一座巨大的铜制雕塑;而凤阙的宝顶有一只饰金的铜凤,下面装有转枢,使铜凤能够"向风若翔"那样转动(图 1-1-10、图 1-1-11)。可以想象,这些非同一般的建筑一定构成了十分奇特的景观。

北部园林区即所谓"后苑"。后苑主体太液池中模拟神话传说起三座神山的做法,是真正意义上的人工造景。此后,"一池三山"便成了中国园林特别是皇家园林处理主体水面的传统手法,甚至是一定之规了。有趣的是,这个传统后来竟流传到了神山的"本土",中国称之为"东瀛"的日本,也被日本的造园家奉为经典(图 1-1-12)。但建章宫的规模无疑要大得多,所以在后苑区特别是在"三山"上都建有楼阁等建筑,这也可以视为中国园林让建筑穿插于山水之间的组景方式的初步显现。

简而言之,神奇的前宫加上一池三山的后苑就是建章宫开创的新格局。

在今天看来,"通神"或"长生"都是很幼稚的幻想,但在人类社会发展的初期,科学还很不发达,人的活动受到各种条件的制约。神话中关于大自然的奇异而美妙的故事,正符合人们进一步了解未知世界的愿望,以对现实世界极度夸张来发挥对神仙世界的想象,转回头来引导模拟神仙世界的艺术创作的构思。这种

图 1-1-10 形式独特的建筑——汉画像砖"凤阙"

图 1-1-11 形式独特的建筑——汉画像砖楼观

图 1-1-12 日本龙安寺复原图中典型的"一池三山",不同的是池在寺的前面

对幼稚乃至荒诞的事物笃信不疑而且认真投入的历程,世界各文明民族都曾经有过,而因此诞生的艺术和业绩,不仅不荒诞,反倒是古代文明纯真朴实的魅力所在(图 1-1-13、图 1-1-14)。

当然,比起后来成熟的中国园林,秦汉宫苑显得还很粗陋,即使建章宫那样较为完备的建置也还只是一个雏形。而且秦汉皇家园林的文化基础也相对薄弱,

图 1-1-13　古埃及金字塔（陵墓）是现存最古老的人工巨构

图 1-1-14　古希腊雅典卫城（神庙）被马克思赞为人类社会童年发展最好时期的杰作

那时候还没有山水画和山水诗，而诗画艺术后来对造园艺术产生了重大影响。因此，秦汉宫苑无论主题表现还是处理人工与自然的关系，都显得比较简单化，也还不能对自然美作很多艺术的提炼。总的来说是处于"文不胜质"的阶段，但"文"之简应该无损于"质"之实。

前文已提及，秦汉是中国历史上最具开拓精神的时代，秦汉的皇家园林用巨丽而神奇的形象表现了这个历史时期人们对仙境的向往和浪漫的艺术灵魂，巨大的宫殿苑囿使长安一带成为空前壮丽的华夏神京，其真正的历史价值和文化价值并不仅仅是秦皇汉武个人意志的体现，更在于它是那个充满开拓精神、丰富的艺术想象力和文化创造力的时代的纪念丰碑。这或许就是皇家园林艺术在其初盛时期"不可磨灭的优点"吧。

四、千载雄风

东汉之后数百年，长安不再是统一中国的京城，经历无数沧桑，直到中国历史上出现了新的鼎盛时期——唐代，长安再次复兴，而且其城市和宫苑的建设都真正达到了艺术上的"文质并茂"。

唐长安在汉长安之南，是在隋大兴城的基础上建设的，比汉长安更加严整，可以说是中国古代社会秩序在城市建设中最完美的体现，其规划控制和管理水平在当时也是世界一流。唐长安以北占地广阔的皇家禁苑同样也是建立在隋大兴禁苑的基础之上。唐皇的避暑宫大明宫和禁苑及长安城三者之间的关系，除了方位不同，与建章宫和上林苑及汉长安的关系几乎别无二致。大明宫也是前宫后苑，后苑中部的大水面也名为太液池，池中有蓬莱山，整体格局几乎是建章宫的翻版（图1-1-15 ～图1-1-17）。

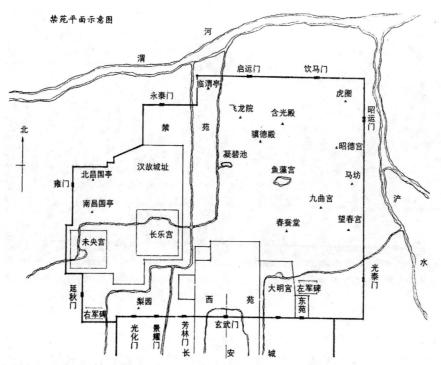

禁苑平面示意图

图 1-1-15 唐长安皇家苑囿——唐禁苑图（引自周维权《中国古典园林史》）

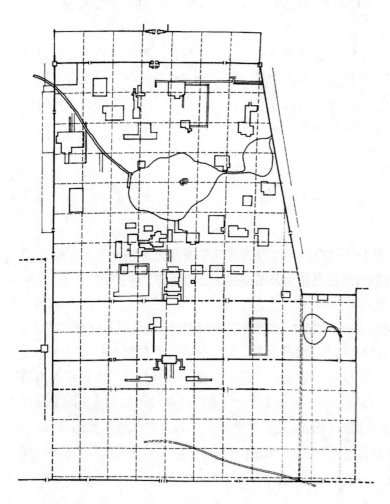

图 1-1-16 唐长安皇家苑
囿——大明宫遗址平面图

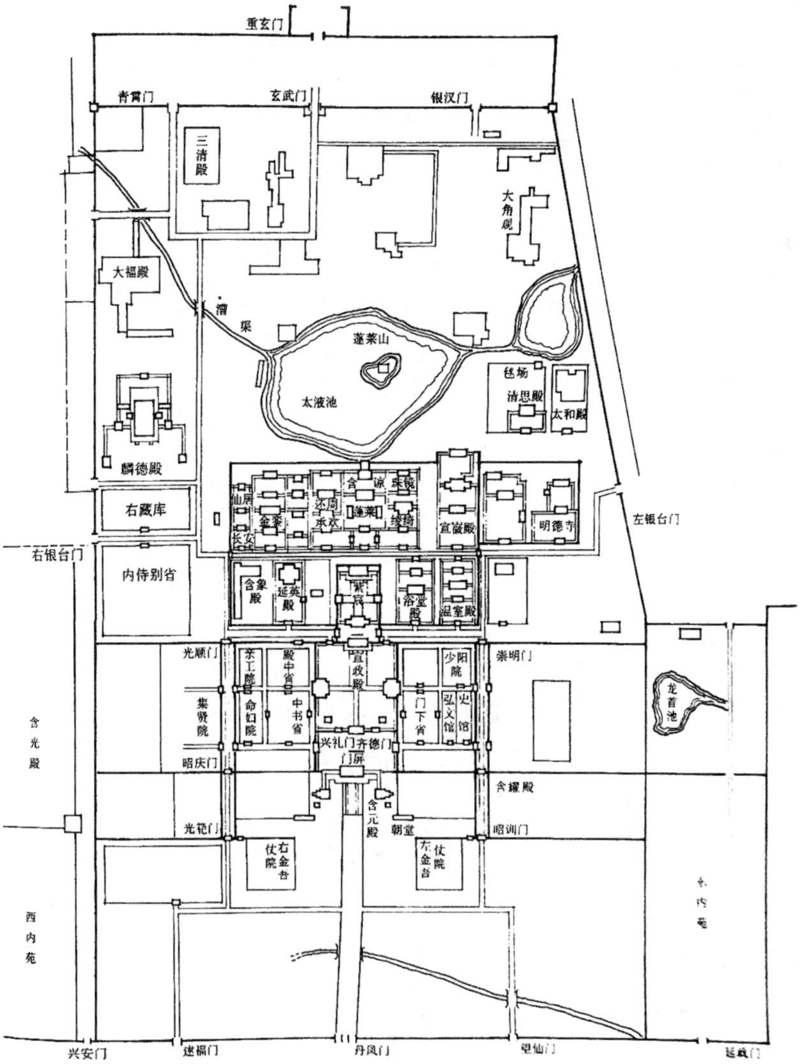

图1-1-17 唐长安皇家苑囿——大明宫复原平面图（以上两图引自《中国古代建筑史》）

此外在长安城里还有皇子们的赐宫，最著名的是唐明皇李隆基做太子时候的赐宫兴庆宫，格局也是前宫后苑，只因正门要朝向大内，故而呈现宫在北、苑在南的较为少见的格局（图1-1-18）。比秦汉宫苑几乎湮没无迹强一些，大明宫和兴庆宫还有比较完整的遗址，现在已作为公园或遗址公园受到了保护（图1-1-19）。

长安以东的骊山，自秦以来一直是依山势建离宫的风景胜地，唐代在这里建有气势宏伟的华清宫，杜牧曾写诗赞叹："长安回望绣成堆，山顶千门次第开"。

唐代宫苑应该说是秦汉宫苑的成熟和完善，但在皇家园林的设计理念上并没有明显的突破和发展。当时，文人山水园林已经登上了历史舞台并开始对中国园林艺术产生决定性的重大影响，然而从唐代皇家园林的实践中，还很少有接受和消化这种影响的明显佐证。汪菊渊先生在他的《中国古代园林史纲要》中说："唐代宫苑亦步亦趋于汉代宫苑形式，不让汉代宫苑专美于前而已"，实为有识之论。当然，无论建筑或园林都更成熟了，更完美了，而且去除了一些迷信的东西更显示出人的自信。换一个角度也可以

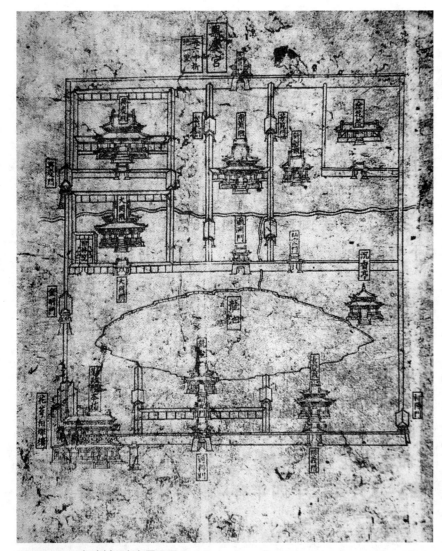

图 1-1-18　宋碑刻兴庆宫平面图

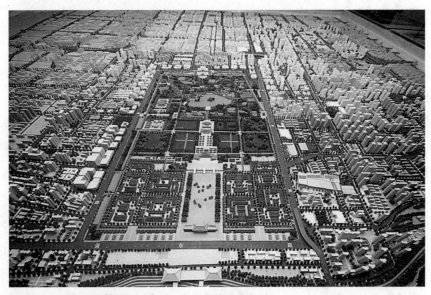

图 1-1-19　大明宫遗址公园鸟瞰示意（网络图片）

说，秦汉开启的中国早期皇家园林艺术风格在唐代得以完成；可以把汉唐的皇家园林作为中国园林历史发展的第一阶段，长安一带的皇家园林则是这个阶段的典型代表。

汉唐的遗风对后世的皇家园林仍然有很大的影响。以皇家园林晚期的代表清代皇家园林来说，首先它把北京西北和南部面积数倍于京城的田野山林划为皇家苑囿，又在其中营建包括著名的三山五园、团河行宫在内的多处离宫，都是延续了秦汉以来的传统做法（图1-1-20、图1-1-21）。所不同者乃是离宫内部的景观

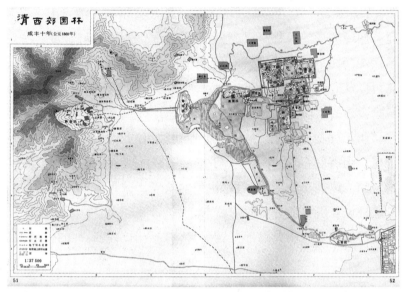

图 1-1-20 清北京皇家苑囿——西北郊园林

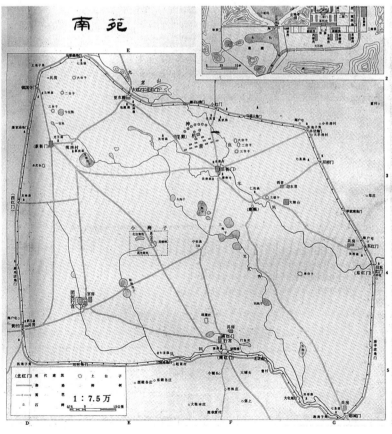

图 1-1-21 清北京皇家苑囿——南苑（引自《北京历史地图集》）

大大丰富了，相对而言外部环境的重要性有所降低。

清帝乾隆是一个既喜爱园林又懂得园林的皇帝，他在《避暑山庄后序》中写道："若夫崇山峻岭，水态林姿，鹤鹿之游，鸢鱼之乐，加之岩斋溪阁，芳草古木，物有天然之趣，人忘尘世之怀，较之汉唐离宫别苑有过之无不及也"。这段话无疑表明，清代皇家园林的艺术趣味较之汉唐已经发生了重大的变化。然而也正是这位皇帝自己一手经营的清漪园，却比任何其他同时代的皇家园林更具有汉唐的格调。如建在高大方台上的佛香阁和昆明湖典型的一池三山格局，完整而宏大的构图，宛若仙境的形象等都是汉唐以来皇家园林的基本模式（图1-1-22～图1-1-24）。虽然清漪园等晚期皇家园林发展了很多早期皇家园林尚不具备的品质，但我们依然可以从它们的设计理念、艺术形式和种种表现手法中，相当清晰地辨认出早期皇家园林的烙印。

唐王朝功业堪比汉武的太宗李世民曾写《帝京篇》赞美长安的风貌："秦川雄帝宅，函谷壮皇居。绮殿千寻起，离宫百雉余；连甍遥接汉，飞观迥凌虚。云日隐层阙，风烟出绮疏"。可以说是对长安十分形象的整体写照。汉唐延续的千载雄风亦是华夏历史最为骄傲的篇章。

注：本章所引典籍部分转引自《古今图书集成》的《考工典》。

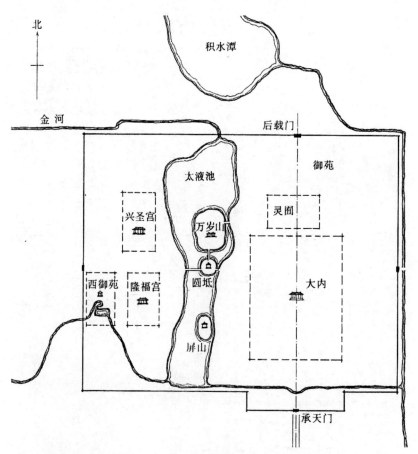

图1-1-22　元大都太液池一池三山（引自周维权《中国古典园林史》）

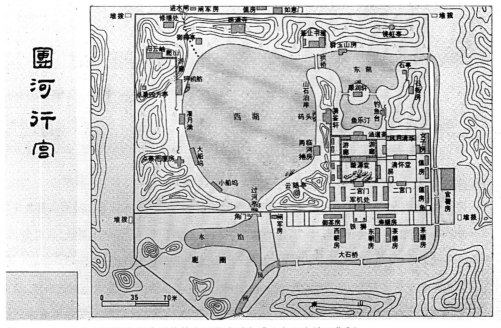

图1-1-23　南苑团河行宫是典型的前宫后苑（引自《北京历史地图集》）

图1-1-24　万寿山佛香阁

第二章　仁智之乐与道法自然

中国古典园林被学界认为是世界三大古典园林体系之一（注：见童寯《造园史纲》），获此殊荣的根本原因是，中国园林以其卓越的艺术形式表现出一种与西方园林完全不同的理念和情调。中国园林的这种独特的气质源于中国独特的自然条件和生产生活的方式，以及在此基础上形成的独特的文化观念，特别是对自然的理解和认识。

中国疆土广大，自然条件的差异也很大，但形成中华文化核心的黄河、长江流域总的来说是气候温润、风景秀丽、物产丰富的。在这片土地上，中国人组建了世界上历史最悠久的世俗的农耕社会。古代农耕社会要"靠天吃饭"，人们的衣食都取之于自然，人们的生产和生活也和自然鱼水相依，所以人们对自然怀有一种与生俱来的感恩之情（图 1-2-1 ~ 图 1-2-4）。

图 1-2-1　村田图　中国古代是农耕社会，人的生产生活与自然水乳交融（引自《乡土瑰宝》系列之《村落》）

图 1-2-2 水村之
居（安徽宏村）

图 1-2-3 渔歌唱
晚（桂林漓江）

图 1-2-4 天地之
间（云南元阳梯田，
马日杰摄）

皇家园林是中国最早的园林形式，而且反映了人们对美好的神仙世界的向往，并期望借助神仙的力量"与天相调"达到"天人合一"。但早期皇家园林的创意来自被方士们加以发挥了的古代神话传说，还不能说具有很深刻的文化内涵。到了公元 3 ~ 6 世纪的魏晋南北朝时期，构成中华文化艺术的所有重要部分都开始丰满了起来，其中有关山水的诗文绘画尤为契合中国人热爱自然的天性。与山水诗画同时发展起来的还有一种新的园林风格，它和早期皇家园林有明显不同的审美观和价值观；由于开创和完善这种风格的一直是在中国掌握着知识的士人，所以人们称之为"文人园林"或"文人山水园林"。顾名思义，文人园林应该具有较为深厚的学养和文化的基础。这个基础，最终还是要追溯到先秦诸子的哲学思想。

先秦泛指秦代之前的历史，而对中华文化具有决定性影响的是大约公元前 800 年 ~ 公元前 200 年间的春秋战国时期。中国哲学的主要流派都是在这个思想非常自由和解放时期的"百家争鸣"中形成的（人类开始形成系统的哲学思想，如希腊、印度也差不多在这个时期），其中儒、道两家对中国文化的影响最为深远。儒家和道家认识自然的角度不同，但同样崇尚大自然，可谓殊途同归。有人说，中国建筑的格局是受儒家思想支配的；中国园林的格局则是受道家思想支配的。我觉得事实上并不存在如此明确的界限。主导中国园林创作的思想和文化内容堪称丰富而驳杂，不同类型的园林也有不同的侧重，但一般来说是兼容了儒、道、神、释等诸家的思想。正是由于中国古代几个重要的哲学体系在对自然认识上的兼容与互补，中国园林的文化内涵才能那样深厚，而且长盛不衰。

一、仁智之乐

孔子（儒家）的哲理思想对中国的伦常教化乃至社会组织的巨大影响，恐怕没有任何学说能够望其项背。他的现实功利主义和积极对待人生世事的哲学是构成中华民族性格和价值观念的核心。孔子本人被汉代以后的历朝历代都尊为圣人，他对自然的理解和价值判断无疑具有权威的性质。

孔子哲学的最高理想是"仁"，把能以"仁"的准则妥善处理家国之事视为"智"。同时他又把自然的山和水等看作是仁和智的象征，要求主导社会的"君子"们"比德"于山水，作为修身养性的重要内容。

孔子说："夫山，草木生焉，鸟兽蕃焉，财用殖焉。生财用而无私为，四方皆伐焉，而无私与焉。出云雨以通天地之间，阴阳和合，雨露之泽，万物以成，百姓以飨。此仁者之乐于山者也"。又说："夫水者，缘理而行，不遗小间，似有智者；动而下之，似有礼者；蹈深不疑，似有勇者；障防而清，似知命者；历险致远，卒成不毁，似有德者；天地以成，群物以生，国家以宁，万事以平，品物以正，此智者之所以乐于水也"(《尚书大传》)。

可以看出，孔子把中国人对自然的感恩之情提高到了理论上，他在自然的山水之中寄托了他的几乎所有的人格理想。把自然人格化、道德化，是儒家对自然的理解方式。这种理解方式主要不是欣赏自然美本身，而是认为欣赏自然美有助于修身养性。然而"仁者乐山，智者乐水"的概念也确实为中国的自然山水式园林的存在和发展提供了伦理上的支持。后世的园主们，上至帝王，下至商贾，在营建园林的时候无不标榜"仁智之乐"。孔子的这两句话就好像是一份"合法证书"，中国长达两千年的造园活动得到了社会的广泛认同和参与，除了自身适合中国古代社会独特的文化和生活的需求之外，和有圣人出具的这份"合法证书"也是颇有关联的。人们花很大的代价造园林，总希望有一个冠冕堂皇的理由，孔子就提供了这样的理由。当然，对今天来说也许更重要的是"君子比德于山水"的概念作为中国园林艺术的重要主题是怎样表现的。

自然元素在中国园林里不仅以它们的形状、色彩、姿态等体现观赏的价值，而且常常被赋予某些理想品德的象征意义。如孔子说："岁寒，然后知松柏之后凋也"。松于是就成了威武不能屈的仁人志士的象征，令人肃然起敬。又如竹被赋予高风亮节和虚怀若谷的品格，有"人不肉则瘦，不竹则俗"的说法，所以赏竹被认为是有德之人的高级趣味。

后人按孔子的思维方式不断把君子比德的思想推及更多的自然事物。如陶渊明喜爱傲霜之菊；周敦颐欣赏出淤泥而不染的莲；林和靖迷恋疏影暗香、不畏苦寒的梅；甚至还有人赞美晧然一色、掩秽复瑕的雪等等。这就让人们觉得在生活中若能常与山、水、松、竹、梅、菊等具有道德人格象征的美好事物相伴，就好像和良师益友共处朝夕，修养和情操会自然而然地受到陶冶而净化。

换一个角度来看，既然"仁者乐山，智者乐水"，那么爱山、爱水、爱自然的人便也近乎仁智之人了。如宋范仲淹在《石门亭记》中写道："广大茂美，万物附焉以生，而不自以为功者，山也。好山，仁也。去郊而适野，升高以望远，其中必有慨然者"。唐储嗣宗诗云："大隐能兼济，轩窗逐胜开。远含云水思，深得栋梁才"。

也就是说，能欣赏自然，才能具有自然那样宽广博大的眼光和胸怀，于是把欣赏自然当作君子自我修养的一个重要内容。目的是为了从自然中获得道德和人格的启迪，从而积蓄建功立业所需要的精神力量。即便今天认真观察世人，那些见山见水就要"观之夫也"，乐于睹松竹、临清流的人们，在审美趣味和道德情操等方面无疑比只认识利欲世界的人更高尚也更丰富。因此可以得出的结论是，以山水等自然事物陶冶人的精神和性情是中国园林积极的创作目的之一；同时这些自然事物是被赋予人格意义的，所以它们在园林中的存在状态与自然状态有所不同，即所谓"人化的自然"(图 1-2-5)。

图1-2-5 这些被赋予人格意义的自然事物，在园林中与其自然状态有所不同（宋画）

儒家这种带有说教意味的思想在中国各类园林里都有所表现。特别在官宦的衙署园林和后期的皇家园林中倍受强调。如唐柳宗元曾写道："夫气烦则虑乱，视壅则志滞，君子必有游息之物，高明之具，使之清宁平夷，恒若有余，然后理达而事成"。这是对园林较为实用主义的解读，但符合衙署的目的。又如清代康、乾诸帝，写诗作文也从不忘孔圣的教导，康熙在《避暑山庄记》里写道："玩芝兰则爱德行，睹松竹则思贞操，临清流则贵廉洁，览蔓草则贱贪秽，此亦古人因物而比兴，不可不知"。乾隆诗云："四围悦目皆仁智，一晌会心有缥缈"等等均为例证。至于"礼门义路，智水仁山"之类的俗联就更为俯拾皆是。虽然几乎已是"天天讲"的常套，至少也能说明孔子学说影响的深远。

对于实际的造园，儒家的说教或许没有太多直接的帮助。重要的是，孔子在世间万物之中选择了山和水作为人的道德楷模，并把这样的观念植入了中国人的意识之中。人们于是要在生活环境里安排些花木水石等自然事物作为良师益友来伴随自己。至于对它们做出怎样艺术的处理，相对而言就是专业性和技术性的问题了。

二、道法自然

先秦争鸣的百家当中，儒家后来在主流社会上绝大多数时间都处于"独尊"的地位。但在思想文化领域，能够长期和儒学相克相生的唯有以老庄学说为基础的道家学派。用著名美学家李泽厚先生的话来说："儒道互补是两千年来（中国）美学思想一条基本线索"（《美的历程》）。

道家和儒家对社会的理想从表面上看是完全对立的。孔子的理想是"君君、臣臣、父父、子子"的井然有序的社会；老子向往的却是小国寡民，人像动物一样无知识、无贪婪、无追求，自生自灭，一切任之自然的世界，社会也可以像自然界一样"无为而治"。儒道学说在社会政治和历史上的作用并非本文的主旨内容，这里只想肯定一个事实，即老庄哲学对中国的传统艺术（包括园林）有比孔孟哲学更具实质性的意义。

老庄哲学对知识阶层心智的影响远比其对建构社会的影响深刻。不仅因为它的思辨更为抽象深奥，更因为老庄学说给古代那些不满或厌倦僵化的伦常秩序和社会上名利角逐的人，特别是知识阶层的"逆主流心态"提供了一个精神上的归宿。

而园林在某种意义上说可以作为这种精神归宿的物质和艺术上的实现。

老子对当时几乎所有代表社会发展的事物都一概反对。他认为："五色令人目盲，五音令人耳聋，……驰骋田猎令人心发狂，难得之货令人行妨"。简直对什么都看不惯，人类最好的出路就是返回到原始社会的自然状态："绝圣弃智，民利百倍；绝仁弃义，民复慈孝；绝巧弃利，盗贼无有"。

自然是什么？老子说："人法地，地法天，天法道，道法自然"。老庄学说中，"道"是最玄妙的，只可意会不可言传的真理，"道可道"就"非常道"了。而自然才是道的本源，只有离开人类社会回到自然中去"见素抱朴"，才能领悟道的真谛。

然而社会无论如何都不可能逆转回到原始状态去，所以老子后学的庄子把学说的重点放在追求一种超越世俗的利害荣辱乃至生死，与天地浑然一体的，自由而独立的精神世界。庄子甚至怀疑现实和梦幻之间的界限。比如他说在梦中变成了一只蝴蝶，醒来就闹不清到底是自己做梦变了蝴蝶，还是蝴蝶做梦变成了现实中的自己。

中国古代不少名士，他们或者自觉，或者被迫从名利、官场中退出来，往往选择经营园林山水，过隐居生活。这些"过来人"常对园林的理想世界和园外的现实世界到底哪一个更真实发一番感慨。如宋苏舜钦因罪被罢官后，"扁舟南游，旅于吴中"，择地造了一处"沧浪亭"。苏氏"时榜小舟，幅巾以往，至则洒然忘其归。觞而浩歌，踞而仰啸，野老不至，鱼鸟共乐。形骸既适则神不烦，视听无邪则道以明。返思向之汩汩荣辱之场，日与锱铢利害相磨戛，隔此真趣，不亦鄙哉！"（《沧浪亭记》）这段话和庄子梦蝶的寓言有类似的道理：园林似伪却有理想之真，功名似真实乃溺人之伪。

应该说明的是，老庄所谓的自然是一个比较抽象的概念，和通常理解的自然界还不完全是一回事；庄子说："天地有大美而不言"，也还不是欣赏自然美本身。老庄关于天、地、道的学说，其重要意义在于把人们注意的焦点从社会引向自然。为了求道，人们到大自然中去探索和寻觅，并在了解自然界的过程中对真实的自然之美产生了深厚的感情。庄子所理想的超越现实、与自然合而为一的精神境界，转化成了中国园林不断发掘和追求的艺术境界。尤为重要的是，老庄学说顺乎自然，强调悟性的思辨方式，对中国园林等诸多艺术的创作原理、方法和独特风格的形成，起到了至为关键的作用。

"可以言论者，物之粗也；可以意致者，物之精也"。"语之所贵者，意也。意有所随。意之所随者，不可言传也"。庄子的这几句常被学者们奉为经典的话，对中国的文学、绘画等艺术的创作理念和审美方式影响极大。中国古人作文章讲究"言不尽意"，造园林避免"一览无余"，把表现言外之意、形外之神，看得比语言和形式本身更重要。从欣赏的角度来说，只有能深入品味中国诗、画、园林的言外、形外的意境、韵味、情趣，才是真正理解了中国传统的文化艺术（图1-2-6）。

图 1-2-6　宋画江亭览胜图——重在画外之意

　　老庄所谓的道是"无成执，无常形"的，因为"道法自然"，而自然原本就是"无成执，无常形"的。艺术要顺乎自然，园林要再现自然，当然也应该是"无成执，无常形"的。后来所谓造园"有法而无式"，要"虽由人作，宛自天开"，实际上都是从两千五百年前的老庄思想中演化出来的中国园林的基本艺术标准。这个标准一直伴随着中国园林艺术的发展，引领着中国园林艺术创作的主流。

　　注：本节引老子和庄子文转引自施昌东著《先秦诸子美学思想述评》。

三、天人合一与中国式的乌托邦

　　儒和道是对中国传统艺术的形成和发展影响最大的两个哲学体系，它们都认为自然比人更完美。儒家是从积极参与社会生活即"入世"的角度，鼓励奋斗和进取的人们从自然中汲取博大、仁爱、坚贞等崇高的品质；道家是从"出世"的角度，教人们摆脱现实社会里的利害得失，追求独立的、合乎自然的本体人格和自由的精神。道家学说对受到挫折和失意的人有种类似宗教般的安抚，但不是用灵异的诱惑或教义的灌输，而是靠思辨和美的激发。事实上，奋斗、进取和挫折、失意之间是经常转化的，儒和道看似矛盾的人生观也经常同时体现在一个人的身上。中国古代知识阶层在"闻达"与"独善"，出仕求功名与退隐享自由的选择上有一种特殊的矛盾的心理，价值判断亦常在儒、道之间徘徊。这个矛盾是使得中国文人园林具有哲学深度和心灵启示的重要根源。

从世界的范围看，中国与西方的古典园林在设计理念上最本质的区别就在于，西方古典的宗教和哲学认为人比自然完美，人要对自然加以管理和改造，所以他们在园林中"强迫"自然接受"规整化"和"条理化"的人为法则（图1-2-7）；而中国的哲学则认为自然比人更完美，所以园林应该"虽由人作，宛自天开"，遵循自然"无成执、无常形"的规律。这种区别源于东、西方不同的文明历程所形成的不同的观念，主要是对自然认识的不同。因此而形成了不同的园林艺术传统。这两种不同的传统到今天也成了某种意义上的互补；同时，东方和西方也都会在某种意义上继续各自的"心路"。

图1-2-7 规整化和条理化的西方园林（引自郦芷若、朱建宁的《西方园林》）

儒和道在价值观上几乎是对立的，但两家不同的人格理想却从不同的途径走向自然。李泽厚先生说："中国哲学的趋向和顶峰不是宗教而是美学"。儒和道以及后来的禅等中国主要的哲学学派在顶峰上不期而遇，这个顶峰就是自然与人生在美学意义上的融汇与和谐。儒家的"君子比德于山水"和道家的"道法自然"，是中国园林艺术从初创走向成熟的两个重要的理论支柱。后来又有人把它们综合为"天人合一"的理论。可以说，"天人合一"就是中国园林所追求的精神和美学的最高境界。

需要说明的是，现在对"天人合一"这个概念多从其表面的字义来理解。据查说是言出庄子，后由董仲舒等发展为一个完整的哲学体系。内容讲"天道"与"人道"的统一，"天道"如何主宰着"人道"特别是"国运"的兴衰，"天"与"人"的感应等等，其中有很多神秘和迷信的色彩。这种比较宏观的概念在汉代及其后的皇家园林里多有表现。近些年因为"国学"又时兴起来了，人们都从各自不同领域的不同角度强调概念中不同的意义，有的和原意似已相去甚远。园林学一般是强调概念中人与自然和谐共处的这一面，也是比较容易理解和得到认同的一面。本文基本上是从园林学的角度来理解"天人合一"的，由于涉及治学的严谨性，还是澄清一下为好。

中华文明还有一个明显的特色是它的主流从未以宗教作为基础，而是沿循一条学者称之为"实践理性"（区别于逻辑和科学的理性）的道路。在中国历史上宗教虽然曾经非常盛行，但不像西方和伊斯兰世界或者印度那样，人们普遍把宗教作为自己的精神家园，也不曾长期专奉某一种宗教。然而自先秦诸子伊始构筑起来的中国传统思想文化中，也一直存在着一个类似精神家园的概念，那就是对理想化了的古代社会的崇敬。中国文人无论尊儒尚道，几乎都是言必称"古之人"如何如何（犹如基督徒之言必称上帝），尽管他们对"古"的理解并不一样。比如儒家向往的是尧舜之君及其治理下的和谐社会；道家则向往一切任其自然、没有人为秩序的原始状态。中国历代文人——从孔夫子到曾文正——都把自己的社会理想和政治主张的正当性，寄托在一个虚构的古代"乌托邦"之上，而不是上帝的"圣经"。这个中国式乌托邦不是像极乐天国那样的灵魂归宿，而是似乎曾经存在于遥远过去的人类乐土，人们要做的就是重新找回它。

中国文化中唯古为尊的传统无疑有很多消极的成分（至今仍有不少学者把黄帝内经、阴阳风水等奉为具有现实功用意义的稀世宝典），但对于古代知识群体来说，这个乌托邦的理想一直是其"修身、齐家、治国、平天下"的理论目的和精神动力。当他们感到现实世界完全拒绝这个乌托邦的时候，"归隐"就成了他们十分高尚的选择，而营造园林则是归隐士人生活和艺术创作的重要内容。在现实中"吾道不行"，便寻求并营造世外的"桃源"，这种基于文人乌托邦理想的园林和基于神话传说的早期皇家园林显然有很大的区别，汉末的动荡和皇权的式微终于催生出了全新的园林文化。

第三章　寄情山水

　　早期的中国园林文化完全是以皇家园林为主导的。汉代除了皇家的苑囿之外，贵胄达官乃至富商巨贾也开始拥有了规模很大的园林。如《西京杂记》就较详尽地记载了汉梁孝王的兔园和富商袁广汉的庄园。梁王兔园"其诸宫观相连，延亘数十里，奇果异树，珍禽怪兽毕备"；袁广汉园周回亦近二十里，有走不完的"重阁修廊"。虽然这些园林较少或者没有国家仪典以及政治象征的功能，但其文化的追求仍然是表现因富贵而拥有的奢华，只不过更为偏重生活享乐而已。

　　汉代（尤其是武帝时期）对外扩大势力范围，对内建立在儒家主张的礼教纲常基础上的社会秩序，曾使中国成为一个空前强盛的中央集权大帝国。汉代艺术的宏大气势和积极的浪漫主义风格，表明当时人们对生活和社会充满信心，对人间和仙界都怀着带有浓厚主观愿望色彩的浪漫幻想。

　　然而，人们善良天真的愿望到东汉末年就彻底破灭了。由于政治腐败，战祸连年，瘟疫流行，致使"名都空而不居，百里绝无民者，不可胜数"（仲长统《昌言》）；"鸡犬亦尽，墟邑无复行人"；"吏士大小自相啖食"（陈寿《三国志》）。汉朝全盛时期的那种一往无前的开拓精神，气吞万象的创造激情，千人唱、万人和的盛大场面，最终变成了"家家有强尸之痛，户户有号泣之哀"的世界末日；曾经强大的中央政权分崩离析，军阀土豪各霸一方，互相混战。汉武帝时代建立起来的社会价值观——儒家的王道乐土——在残酷的现实中被粉碎；作为现实社会和理想社会理论基础的汉儒经学和礼教纲常也随之倾圮，沦为了"禽贪者器"——即罪恶的工具和善良的枷锁。作为"王道社会"核心的帝王公卿们在权利争夺时穷凶极恶的表现与他们标榜的忠孝仁义的强烈对照，无时无刻不在证明着老子"大道废，有仁义；智慧出，有大伪"，"为学日进，为道日损"等思想有着充分的道理。

　　有点残酷的历史现象是，新的观念和思维经常是从社会的苦难中孕育出来。人们在经磨历劫、备受煎熬的同时，也会从禁锢自己的传统思想中得到解放。宗白华先生说："汉末魏晋六朝是中国政治上最混乱、社会上最痛苦的时代，然而却是精神上极自由、极解放、最富于智慧、最浓于热情的一个时代，因此也就是最富有艺术精神的一个时代"。事实上，这个时代对中国的哲学思想，尤其是文化艺术的影响之大是难以估量的。如同"涅槃"之后华丽的重生，在中国传统文化中占有重要地位的如山水诗、山水画、游记文等等都是这个时代的产物。而中国的园林和园林文化亦从魏晋时期开始了意义重大的"转型"，出现了以中国文人的乌托邦为理想境界，以表现自然山水之美和人在自然中的生活之美为主旨的造园风格，并在其后历代文人群体的推动下逐渐主导了中国园林的价值观和审美观，这种园林风格因此被称为"文人山水园林"，通常简称"文人园林"。我们今天熟悉的那种清雅秀美充满着诗情画意的中国式山水园林，初创时期的历史背景和推动力，其实并非花前月下的浪漫，而是历经苦难的人们对人生价值和社会理想的反思。

一、越名教而任自然

魏晋南北朝时期盛行"玄学"。玄学在相当大的程度上继承对儒家做了深刻批判的道家学说。道家学说和玄学的哲理内容颇为深奥，而对于园林最有价值的思想是指出了人性在物欲世界中的异化现象，并以返璞归真作为消除异化的途径。当时对人性异化的表述是"心为形役"，意即为了身外之物而丧失了精神的自由，迷失了人的本性。道玄学说使人们的世界观发生了很大变化，但影响最为深远的是价值观和审美观的变化。

对美的价值判断，儒家是以"善"为主要标准，目的是通过艺术"成人伦，助教化"，表现儒家所推崇的社会秩序、礼教纲常和建功立业的雄心壮志。那是一种注重形式和法度，追求群体有序、场面热烈的美。而当汉末儒家的"善"被实质上抛弃，沦为了事实上的"伪"即谎言的时候，以此为基础的美就丧失了感召力。人们为建立这样的社会，创造这样的美所作出的种种努力和付出的种种代价，就显得非常没有意义。相比之下，老庄"法天贵真"的美学思想和强调个体人格独立自由的精神则大放光彩。

除去时代的特殊因素，一般而言儒家的"善"讲的是人为的秩序，道家的"真"讲的是自然的法则。中国人在创造美的事物时，通常都要兼顾这两种互相对立又互相补充的观念，兼顾两家对"远古乌托邦"的理解。而在魏晋时期，"法天贵真"更是审美的主流，亦是突破既往思想桎梏的理论武器。

由于庄玄非常注重独立自由的个体人格，因此魏晋风行对人物人格的评价和议论，如南朝宋人刘义庆所著的《世说新语》里面介绍了很多这样的故事，特别推崇士人不同凡响的风范和惊世骇俗的言行。而且当时的士人官员皆以拥有园林为雅事，园林常常是主人性情人格的间接表现，所以营园绝非寻常小事（图1-3-1）。需要强调的是，庄玄推崇的独立人格也完全不同于孔孟倡导的道德人格。孔孟要的是"克己复礼"，庄玄求的是"越名教而任自然"。魏晋时期是后者占主导。唐人杜牧有两句很著名的诗："大抵南朝多旷达，可怜东晋最风流"。这"旷达"与"风流"四字十分准确地概括了当时文人的思想和作风。

图1-3-1　魏晋时期描写园林生活的画像砖

　　所谓"旷达"就是从人生的祸福无常、生死不定，觉悟到功名富贵只是过眼烟云，恪守礼法也毫无意义，于是选择追求个体人格觉醒的一种处世态度。所谓"风流"则是"旷达"外在的行为表现，具体一点说就是任性情为人做事，爱好山水园林，讲究养生之道，注重文采和姿容神韵等等，后人称为"魏晋风流"。对这样的人生态度，站在儒家立场上的学者多有微词，认为是腐朽和没落。但研究社会文化的学者更多认为，真正"风流"的魏晋人是抱着探索人生真谛的严肃态度将新的价值观付诸实践的。他们的"任性"并非毫无节制的放纵，而是要把人的自然本性从不自然的"名教"的束缚之下解放出来。应该说，这才是文人园林最初的创作目的或原动力。

　　当然，对什么是人的自然本性的理解向来是很不同的。比如有人认为人的本性就是追求享乐，把拥有"丰屋、美服、厚味、姣色"视为人生目的。类似这样的观念也不时对园林艺术产生影响，但并非主流。对园林艺术具有积极意义的是，魏晋南北朝期间在士大夫阶层中盛行一股崇尚自然山水，并深入到大自然中去游赏乃至隐居的风气。南方气候条件好，此风尤甚。如会稽的兰亭就是一处文人聚会的风景胜地，而且因为王羲之曾在这里写下了著名的《兰亭集序》传为千古佳话（图1-3-2）。文人深入到名山大川游历，有利于他们了解自然之美。特别是后来因科举而形成的"赶考"现象，使相当一部分士子在入仕前体验祖国的山河大地、风土民情，会让他们受益终生。文人的时尚风气和云游经历，都对文人园林的创作构成潜移默化的也是深刻的影响。

　　人们为了摆脱世俗的纷扰，任自己的性情为人，达到"释域中之常恋，畅超然之高情"（孙绰）的境界，尝试离开都市到大自然中去生活，即所谓的"山居岩栖"，中国的隐逸文化开始形成。

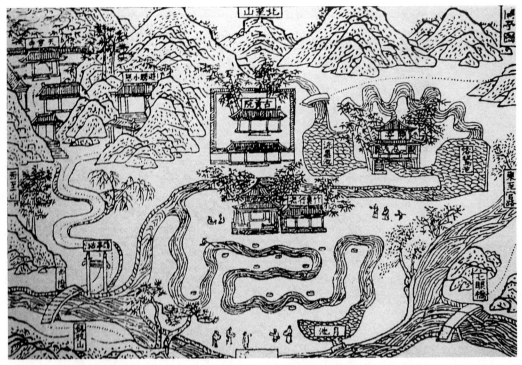

图 1-3-2　明版《兰亭图》

从魏晋直到明清千余年间,山居和田园都是中国士人所寻求的理想生活方式的代名词,而且在理论上从各个角度作了归纳和总结。明朝人陈继儒归纳山居有"八德":"不责苛礼,不见生客,不混酒肉,不竞田宅,不问炎凉,不闹曲直,不征文逋,不谈仕籍"(《岩栖幽事》)。一句话,拒绝一切社会上的诱惑。这种避世的哲学较之"杀身成仁,舍生取义"的豪迈,显得有些怯懦。然而在仁义的正面价值已经荡然无存的魏晋时期,人们要从"返璞归真"的生活中实践和领悟自然之道,也可以说是勇敢的探索。且不论与传统的观念习俗反其道而行之需要勇气,即便山居岩栖本身也要忍受许多艰难困苦。比如南朝有位叫作刘凝之的士人,"性好山水,一旦携妻子泛江湖,隐居衡山之阳。登高岭,绝人迹,为小屋居之,采药服食"(《世说新语》)。其匮乏之状当可想见,但当时人们很敬重他,称之为"上士"。理想化的山居甚至不需要栖身的房屋,"善栖山者不修室,因岩以为寝,取林以为垣,风雨虎狼之患弗及,斯已矣"。只有这样才能"得其自然,古列仙之俦所以无累而独立也",像仙人一样自由。而"自是而下则有崇土木于丘壑者,点缀剖凿颇戾真尚,上士嗤之"(《居山杂志》)。可见,最初讲的山居其实有苦修苦行的内涵(图1-3-3)。然而生活过于清苦,毕竟不是很多士大夫阶层的人所能耐受的,"故山房洁清,……简寂亦无弃焉",允许建一点房子,原则是以满足最基本的需要为度。

如此简陋,美从何来呢?人格美、精神美固然是一个方面,但仅限于精神人格就还谈不上园林艺术,而"崇土木于丘壑"的人工剖凿又有悖于山居岩栖的初衷,所以山居之美主要是来自大自然。不难想象,在山中久居必得有水可饮,有木可炊,

图 1-3-3　苦修是岩居的原有之义（北京八大处）

有石可依。具备这样条件的地方景致一定是好的，只要略加经营，便是不错的园林。人们居山本为避世求道，但真正的收获却在于发现并认识了蕴含在大自然中的美和画意诗情，作出了山居以"怪石、奇峰、走泉、深潭、老木、嘉草、新花、视远八者为胜"（唐·李翱《避暑录话》）这样的总结。这里不是丰屋美厦、高台大榭，而是自然的要素成为被欣赏的主体（图 1-3-4）。这样的审美取向让 4 世纪的中国人觉悟到，除了"巨丽"之外还有别样的美有待发掘。东晋名士谢灵运的《山居赋》就反映了当时士人"对大自然山水风景之美的深刻领悟和一往情深的热爱程度"（参见周维权《中国古典园林史》）。德国先哲黑格尔说："审美有令人解放的性质"。事实上，魏晋人孜孜以求的个性解放在相当大的程度上就是从审美中获得的，文人园林真正追求的是一种超越世俗的审美的生活。

　　在中国人眼里，自然之美就在于自然而然，一石一树的存在都有自然的道理；水流蜿蜒，行乎当行，止乎当止，都遵循着自然的规律；阴晴风雨，四时变化无穷，更是自然的常道。所有这一切绝非任何人为的秩序所能企及。因此，山居岩栖是要让自己融合在自然之中，如阮籍在《大人先生传》中所说的："与造物同体，天地并生，逍遥浮世，与道俱成，变化聚散，不常其形"，力求达到天人合一的境界而不可以把人为的秩序强加于自然。这也是文人园林的一条极重要的创作原则。故而山居不仅有"八德"，还有"四法"："树无行次，石无位置，屋无宏肆，心无机事"（《岩栖幽事》）。树和石要自然而然，屋宇无须求大，人不要有机巧之心。文人园林就是从这样的追求起步的，它不单要造园，还要净化人。这是求得人与自然达到完全和谐的必由之路，

图 1-3-4 《山林居隐》(宋刘松年绘)

也是我们今天回溯中国园林创始理念的时候最应该记住的。

佛教和道教的广为传播是南北朝时期又一个重要的文化现象。僧道居士们为了修行不受世俗搅扰，便在深山密林中创精舍，建寺院，成为山居的一种特殊而历久的形式，后来甚至形成了"天下名山僧占多"的局面。当时有个法号慧远的高僧在庐山"创造精舍，洞尽山美。却负香炉之峰，傍带瀑布之壑。仍石垒基，即松栽构，清泉环阶，白云满室。复于寺内别置禅林，森树烟凝，石径苔冷。凡在瞻履，皆神清而气肃焉"(《高僧慧远传》)。

对于中国园林学来说，这应该是一段非常重要的记述。"创造精舍，洞尽山美"，就是选择了一个最利于观赏风景的场地；"却负香炉之峰，傍带瀑布之壑"，表明精舍依山傍水，适于生存，环境也很优美；"仍石垒基，即松栽构"，则是说建筑结合天然的地形地物而且就地取材，很可能是不规则的格局；"清泉环阶，白云满室"，描写建筑和自然相互交融、渗透的情景；"复于寺内别置禅林，森树烟凝，石径苔冷"，最后在院子里补栽部分林木，使环境更加精美。这简单的几句，妙在包含了中国园林艺术的相地、借景、建筑结合自然等最为重要的设计理念和技巧。慧远的精舍已经把山居从最初苦行求道的陋室，提高到以审美为基本目的的风景园林了（图 1-3-5）。

山居固然很美，但不是任何地方都有山居的条件，也不是所有的人都真的想去山居；真正山居的人也各有各的理由，不一定都是求道爱美之人。所以在精神上向往山居岩栖的人就想在自己的住所里创造一种山居岩栖的环境和气氛，以期

图 1-3-5　清泉环阶，白云满室。慧远精舍景境画意

在更为平实的生活环境中获得同样的感悟和精神的自由。"不能卜居名山，即于冈阜回复及林木幽翳处辟地数亩，筑室数楹，插槿作篱，编茅为亭，以一亩荫竹树，一亩栽花果，二亩种瓜菜，四壁清旷，空诸所有；畜山童灌园薙草，置二三胡床著亭下，挟书砚以伴孤寂，携琴弈以迟良友，凌晨杖策，抵暮言旋，此亦可以娱老矣"。早期的文人园林就是这样诞生的。直到明末的李渔还在《一家言》中写道："幽斋磊石原非得已，不能致身岩下与木石居，故以一卷代山，一勺代水，所谓无聊之极思也"。无疑，魏晋士人返璞归真的愿望和实践导致出现了文人山水园林并决定了它的审美和价值取向。

二、归隐田园、寄情山水

中国古代除了皇家园林之外，以使用者的身份或园林所依附的处所来划分还可以细化为很多类型。如贵胄园林、第宅园林、庄园别业、衙署园林、寺观园林、风景园林、商肆园林等等。而文人园林并非中国园林一个一般意义上的类型，它也不属于任何特定的主人或处所。文人园林实质上更应该理解为一个文化概念，是一种园林的价值观和审美观，是一种人生哲学和生活理想。由于这个园林文化的体系基本上是由魏晋以降的历代文人所建构起来的，所以把体现这样文化概念的园林称之为文人园林。从魏晋到唐宋的数百年间，中国园林可以说是一个逐渐文人化的过程，即文人园林的文化概念、价值观和理想追求逐渐浸润、覆盖到几乎所有园林类型的一个过程。最终连皇家园林也在很大程度上接纳了文人园林"物有天然之趣，人忘尘世之怀"（清帝乾隆语）的审美和价值的观念。在世界古代文明的历史上，文化一般都是以宫廷或教廷（"红与黑"，即贵族和僧侣）为主导向民间辐射的；而中国则是由先秦的诸子百家在"争鸣"中开始形成的强大的世俗文化和掌握文化的士人群体（"白衣"或"布衣"）更多掌控了文化的导向。中国文化的这一特色，对中国社会的影响极其深远，园林艺术的文人化就是很好的例证。与此同时，中国的诗词绘画等艺术也在魏晋到唐宋期间全面发展成熟起来，它们和文人园林有着共同的思想基础和艺术追求。无数文人用文章、诗歌、绘画和营建园林的实践从各种不同的角度诠释并丰富着中国园林特色文化的内涵，他们中优秀人物的知名度和人格魅力也成为园林文化中生动而不可或缺的重要内容。到宋代以后，不同类型的园林（如皇家园林、寺庙园林）除了还有些各自固有的内容要表现之外，文人园林确立的价值观和审美观已经成为中国园林文化的主流。园林的类型虽多，但再没有形成可以取而代之或能够与之比肩的新的文化观念。因此有人把中国传统园林概括称为文人山水园林也不无道理。

很多在中国历史上享有崇高地位的文人都对园林文化作出过重要贡献。其中接近初始和初盛时期的几位尤为不可忘记。

（一）陶渊明

陶渊明生活在公元 4～5 世纪，东晋末年到南朝的刘宋年间。东晋南渡偏安，到刘宋时社会渐趋稳定，人生已不像魏晋时期那样凶险。陶渊明出身下层士人，少怀兼济之志，屡次试水于仕途均以失意告终。兼之他秉性高洁，羞于"为五斗米而折腰"，最终选择了弃官归田，但也没有刻意地去"山居岩栖"，而是过起了"晨兴理荒秽，带月荷锄归"的自食其力的农夫生活。较之魏晋之初的士人，陶没有那样的忧惧、颓废与狷狂，也没有陷入得道成仙的痴迷幻想。尤其可贵的是他不以贫寒为耻，不以劳作为苦，并能够在平凡的田园生活中怡情自娱，同时保持着自己的理想、人格和操守。这是一条非常现实但绝非庸夫俗子或沽名钓誉之辈所能做到的独善其身的道路。

陶渊明的田园并非通常意义上的园林，他只有农家最普通的竹篱茅舍，"方宅十余亩，草屋八九间，榆柳荫后檐，桃李罗堂前"；周围也是平凡的农村景色，"暖暖远人村，依依墟里烟，狗吠深巷中，鸡鸣桑树巅"。然而正是在看起来平凡的农耕生活中，陶渊明获得了平静、充实和心灵的自由。陶在村居的时光中写了很多脍炙人口的田园诗，以极质朴的语言，描写极平凡的事物，却表现出了极高的境界和最纯净的诗情画意。试举两例：

"结庐在人境，而无车马喧。问君何能尔，心远地自偏。采菊东篱下，悠然见南山。山气日夕佳，飞鸟相与还。此中有真意，欲辨已忘言。"

"蔼蔼堂前林，中夏贮清荫。凯风因时来，回飚开我襟。息交游闲业，卧起弄书琴。田蔬有余滋，旧谷犹储今。营己良有极，过足非所钦。春秫作美酒，酒熟吾自斟。弱子戏我侧，学语未成音。此事真复乐，聊用忘华簪。遥遥望白云，怀古一何深。"

这种平淡之中的韵味和人人可见但不是人人可解可道的生活之美，不是园林，胜似园林，反而成为后世园林所力求表现的经典场景。此前的园林美往往求诸"仙境"，陶渊明的贡献则是通过自己的亲力亲为，让人们理解到美也可以来自最现实的田园农耕的生活。不仅村墟烟树，篱菊远山的景致，就连理荒锄禾，秋储春酿，儿童学语，犬吠鸡鸣等等，都蕴含着美的意境和心境（图1-3-6）。这就为园林美的创造开拓了一个更为广阔的空间，也为中国园林艺术的生活化奠定了重要基础。

陶渊明的田园诗是生活美的升华，而他的《桃花源记》则为人们描写了一幅田园生活的理想图画。该文说一位渔夫溯溪而行，忽见夹岸一片桃林，芳草落英的景色吸引他一直前行到了水的源头。源头有山，从山口进入，"初极狭，才通人。复行数十步，豁然开朗，土地平旷，屋舍俨然。有良田美池桑竹之属，阡陌交通，鸡犬相闻。其中往来耕作，男女衣著，悉如外人；黄发垂髫，并怡然自乐"，全然一派安乐祥和的景象，对他这个外来人大家也都热情相待。"自云先世避秦时乱，率妻子邑人来此绝境，不复出焉。遂与外人隔离"。渔夫归后再想寻来却"不复得路"了。当然这是一个虚拟的故事。

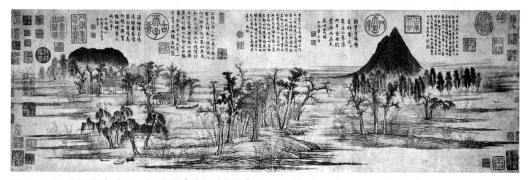

图1-3-6　田园画意（元·赵孟頫《鹊华秋色图》）

　　《桃花源记》在中国可以说传诵千年,并已成为园林中的"永恒"景题(图 1-3-7、图 1-3-8),而且是"先抑后放"等艺术手法最早的表述。陶在这个虚拟故事里描写的理想社会完全不是传说里幻想的"其物禽兽尽白,黄金银为宫阙"那样的神仙世界,而是和自己很类似的田园生活。其中人物也非仙人,只不过是一群早已和外面的社会不相往来的古人后裔,几乎就是老子"小国寡民"的一个逼真的图景。从此也可以看出陶渊明是受到了道家思想的影响。陶渊明的田园诗和《桃花源记》表达的是同样的价值观和审美观。这样的价值观和审美观对于中国园林艺术是重要的理论基础,对于崇尚浮华和权位的社会病态也不啻是一股清爽的新风。

图 1-3-7　桃花源亦为后世园林经常表现的主题——《圆明园四十景图》中的武陵春色

图 1-3-8　桃花源亦为后世园林经常表现的主题——《武陵春色桃源洞复原示意图》(何重义先生绘)

（二）王维

王维是 8 世纪盛唐时期著名的山水田园诗人和画家,曾官居尚书右丞,世称"王右丞";中年经安史之乱,渐无心仕途,专意奉佛,在佛学上亦有很高造诣;晚年居长安东南蓝田县的辋川别业,过着半官半隐的生活。王维是一位多才多艺的文人,对中国文化贡献巨大。他的山水田园诗上承陶（渊明）谢（灵运）,为清新潇散一派;山水画被尊为南宗的始祖,并著有《山水诀》传世。宋代大才子苏轼评他"诗中有画,画中有诗",最为中肯。

唐代是中国历史上的盛世,官员往往城里有宅邸园林,在城外还有庄园别墅。一些文人的园林别墅文化品位很高,文人园林艺术真正成熟了起来。王维的辋川别业原属初唐诗人宋之问,占地远比城市私园大,园内有山有水有林,风景绝佳。王维在原场地条件的基础上,悉心经营了一个可观赏、可游居的别墅园林。内有一座庄院（辋口庄）,还有华子冈、欹湖、竹里馆、柳浪、辛夷坞等 20 处以自然元素为主体的景点（图 1-3-9）。王维在此延友优游,得诗百数,还有自绘的《辋川图》（真迹已失传）。如果说陶渊明通过生活和艺术实践对"归隐田园"做了最好的解读,那么王维同样是通过生活和艺术的实践告诉人们什么是"寄情山水"。

辋川图

图 1-3-9 《关中胜迹图》中的《辋川图》

王维对自然美有深入的观察和体验,他的诗尤其善于捕捉自然里最入画的情景。如:"独坐幽篁里,弹琴复长啸。深林人不知,明月来相照"。"空山不见人,但闻人语响。返影入深林,复照青苔上";"泉声咽危石,日色冷青松"等等都是感觉清新,画意盎然（图 1-3-10、图 1-3-11）,而且诗中的人也完全和自然的景物融合在了一个美的氛围里。王维的田园诗与陶渊明在意趣和平实的风格上颇为接近,如"渡头余落日,墟里上孤烟"直取陶诗"暧暧远人村,依依墟里烟"的景境。然而毕竟生活与经历不同,王维倾向从客观审美的角度描绘自然,显得更为恬淡、空灵,如"雨中草色绿堪染,水上桃花红欲燃"。非常美,但不是陶渊明的"带月荷锄归"。

图 1-3-10 辋川画意——宋夏圭绘《雪堂客话图》，颇有"辋水沦涟，与月上下"的情致

图 1-3-11 赵孟頫和王维有类似的人生经历，他的《自绘小像》可谓传王维之神

辋川别业和王维在其中的半隐士生活已成为园林史上的佳话，几乎可以说那就是文人园林所追求的楷模。王维的《山中与裴秀才迪书》这样写道：

"北涉玄灞，清月映郭。夜登华子冈，辋水沦涟，与月上下。寒山远火，明灭林外；深巷寒犬，吠声如豹。村墟夜舂，复与疏钟相间。此时独坐，僮仆静默，多思曩昔，携手赋诗，步仄径，临清流也。

当待春中，草木蔓发，春山可望，轻鲦出水，白鸥矫翼，露湿青皋，麦陇朝雊。斯之不远，倘能从我游乎？非子天机清妙者，岂能以此不急之务相邀，然是中有深趣矣！"

那是个冬日清旷的月夜，王维登上华子冈，望着月色中的远山近水，听着

图 1-3-12　景境是画，心境是诗——独坐幽篁里（王维诗句，宋画）

夜舂疏钟，心中思念好友裴迪，想象着不久后的春天，二人同游的情景。这应该就是文人园林所要追求的境界：其环境是画，其心境是诗（图 1-3-12、图 1-3-13）。这也可以说是中国式的浪漫，有一点闲情，有一点愉悦，有一点孤寂，还有一点感动。

图 1-3-13　山中傥留客，置此芙蓉杯（王维诗句，明沈周《盆菊图》局部）

辋川别业是文人园林艺术已臻成熟的具有代表性和标志性的作品。由于王维在山水诗和山水画等方面都有非凡的造诣，所以人们相信他造园的艺术水平一定很高。但别业的遗址早已无存，世上流传的据说是王维《辋川图》的摹本、碑拓本等资料所反映的信息缺少实物和文献的佐证（图 1-3-14）。

图 1-3-14　传宋郭忠恕摹《辋川图》之一

　　而王维和友人的《辋川诗》里也基本上没有对别业景物细节的描写。这样每个人就都可以有自己心目中的辋川图，比如我个人想象中的辋川别业，规模与景色似乎和日本京都的修学院离宫略相仿佛，但只是一种没有依据的感觉而已（图1-3-15、图1-3-16）。无论如何，缺少具体记载和实物的资料很遗憾（这也是中国园林史研究中普遍的问题），而较晚于王维的唐代另一位著名的文人造园家白居易就留给了我们较多的具体记述。

图 1-3-15　日本京都修学院离宫，"空阔湖水广"（裴迪诗句）

图 1-3-16　日本京都修学院离宫，"山翠拂人衣"（裴迪诗句）

（三）白居易

白居易是 9 世纪中唐时期文坛的领袖人物之一。安史之乱后，唐王朝元气大伤，但管理制度等（如科举）仍在继续完善，文化艺术进一步繁荣。"除先秦外，中唐上与魏晋，下与明末是中国思想领域中比较开放和自由的时期"（李泽厚《美的历程》）。从中唐到北宋是中国古代文化全面开拓和成熟的时期，其中当然也包括园林艺术。

和王维潇散纯美的风格不同，白居易是一个现实主义的文人，一生奔波于仕途，晚年定居洛阳，最后以刑部尚书致仕，颇有政声和政绩。白居易的诗文字通俗，关注民生，意含讽喻。他的《长恨歌》、《琵琶行》等均为千古不朽的诗作。

白居易终生有一个最大的爱好就是园林。他中年时多次易地为官，每常进住新宅都要造个园林，并为此作诗曰"沧浪峡水子陵滩，路远江深欲去难。何似家池通小院，卧房阶下插渔竿"。读诗可知他的园林一般规模较小，且多在任所城市，内容也简单，意在城市住宅中创造出一种山水田园的气氛，"以此聊自足，不羡大楼台"。童寯先生说"乐天随时随地为园，……有如药石自携以医鄙俗，有如饮食勿废以养灵性，非若后世士夫之亭台金碧，选色征歌，附庸风雅，玩物丧志也"（《造园史纲》）。有时住的是官舍而非私邸，他也搞一点园林。"帘前开小池，盈盈水方积，中底铺白沙，四隅甃青石"（《官舍内新凿小池》）。诗里连水池的做法也有所交代，对园林学就更有价值。而尤其有价值的是，白居易做江州司马的时候在庐山建了一处草堂，自己作了一篇《草堂记》。这篇文章从草堂选址，环境设计，直到建筑的细节都记述甚详，堪称中国风景园林的一份经典文献。

首先讲选址的理由："匡庐奇秀，甲天下山，山北峰曰香炉，峰北寺曰遗爱寺，介峰寺间其境绝胜。……白乐天见而爱之，……因面峰腋寺作为草堂"。草堂的建筑很简朴，只有"三间两柱，二室四牖，广袤丰杀，一称心力。洞北户，来阴风，防徂暑也；敞南甍，纳阳日，虞祁寒也。木斲而已，不加丹；墙圬而已，不加白。碱阶用石，幂窗用纸，竹帘纻帏，率称是焉"。室中仅"设木榻四，素屏二，漆琴一张，儒道佛书各三两卷"。屋虽"陋"，但环境绝佳。草堂的南面是："前有平地，轮广十丈；中有平台，半平地；台南有方池，倍平台。环池多山竹野卉，池中生白莲白鱼；又南抵石涧，夹涧有古松老杉，大仅十尺围，高不知几百尺。修柯戛云，低枝拂潭，……下铺白石为出入道"。草堂的北面和两侧场地是："堂北五步，据层崖积石，嵌空垤块，杂木异草，盖覆其上。……堂东有瀑布，水悬三尺，泻阶隅，落石渠，昏晓如练色，夜中如环佩琴筑声。堂西倚北崖右趾，以剖竹架空，引崖上泉，脉分线悬，自檐注砌……"。文章把草堂和四周环境的关系以及对泉水的利用都记述得非常详尽（图 1-3-17、图 1-3-18）。

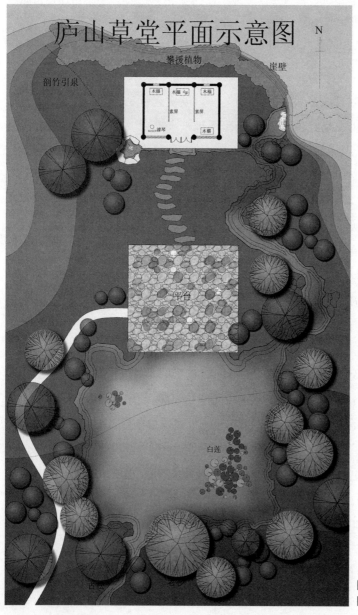

图 1-3-17　庐山草堂平面示意图（雷晨作）

图 1-3-18　苏州博物馆"墨戏堂"与草堂建筑形制略相仿佛

　　草堂只是一幢极普通的三间房子，但因为它位处石崖与瀑布之间，西侧还靠在崖址上，并用剖开的竹子把泉水引到阶下，使建筑和环境形成了有机的联系，从而具备了和一般建筑不同的品质。这样的选址和巧妙结合并利用自然，展现了白居易对自然美深刻的理解和园林艺术的修养。草堂给人最突出的感受是本色，自然是本色的，建筑是本色的。乍看平平淡淡，但若理解了它选择环境和对场地再创造的苦心孤诣，就能够体味平淡之中蕴含的画意诗情和主人同样是追求本色的精神世界。

　　白居易退休后，倾官俸和历任所得奇石佳卉等，在洛阳履道里营建了一所宅园。宅园通常位于城市或城市近郊与住宅连在一起，场地一般也没有天然风景的基础，园中的自然元素全靠人工来安排，可以说是名副其实的"造园"。我们现在所谓的"造园手法和技巧"多是从宅园发展起来的。但宅园的艺术目的还是要体现一种山居岩栖或隐逸田园的气氛，并依照自然的规律塑造环境，所以人工以"宛自天开"为最高境界。由于是人造，所以建成效果和园主人的主观愿望及匠作水平的关系就比较大。

　　白居易为自己的宅园也作了一篇文章——《池上篇》。说此园占地17亩，"屋三之一，水五之一，竹九之一，而岛池桥道间之"。在此基础上，白居易重整了道路桥梁，增加了琴亭书库等少量建筑，还将在苏杭等地为官时收集的湖石菱莲之类置种在园内，形成了以池岛桥为核心的"有堂有庭，有桥有船，有书有酒"，"灵鹤怪石，紫菱白莲，皆吾所好，尽在吾前"的私园。这样的格局让人感觉和主人多年经牧并深深眷恋的杭州西湖很有些关联。

　　到了宋代，宅园不仅更为普遍，艺术也更为成熟。我们有条件深入研究的保留到今天的明清私园也多为宅园，所以宅园是我们最熟悉的一种园林形式（图1-3-19、图1-3-20）。重要的是，不能把熟悉的形式仅仅当成套路，而应该了解它的文化渊源。否则就无从得知它们从何而来，为什么要打造成这样。

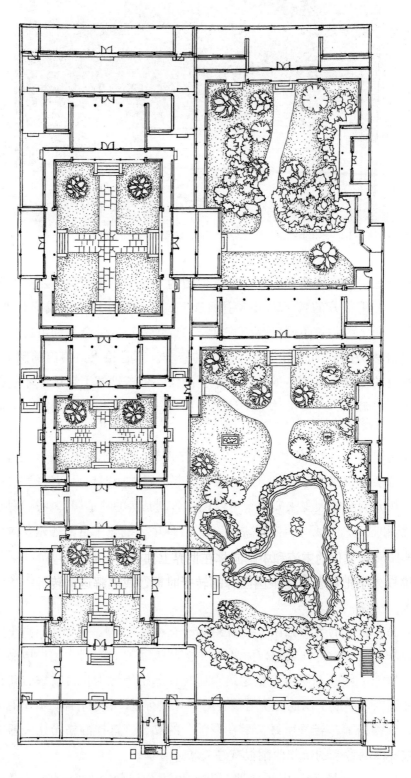

图 1-3-19　晚期的宅园——北京可园（引自马炳坚《北京四合院建筑》）

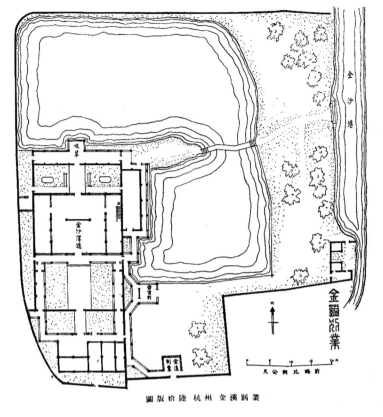

图 1-3-20　杭州金溪别业（引自童寯《江南园林志》）

三、中国园林文化的选择

　　上文曾讲到，文人园林实质上是一个文化概念，是一种园林的审美观和价值观，是一种人生哲学和生活理想，而这一切是由魏晋以降历代文人在全面开拓中国古代文化的同时构建起来的。参与构建并作出贡献的当然远远不止上述的三位，而几乎是整个文人群体。正因为有如此深厚的社会基础，文人园林文化才最终成为中国传统园林文化的主流和中国园林在世界上独树一帜的最重要的支柱。

　　周维权先生把魏晋称为中国园林的转折时期，我理解这个转折的实质即为中国园林的文人化。它是始于汉末魏晋南北朝，兴于唐，成于宋的一个很长的历史的进程。事实上也并不是所有的园林一下子都接受了文人园林崇朴尚简、自然本色的理念。直到唐代，长安的皇家园林还没有受到文人园林重大影响的明显迹象；多数王公贵族的庄园和府邸园仍追随皇家园林富丽堂皇的做法，以表现占有财富和权势为其艺术目的，以声色犬马为其生活内容。

　　在文人园林初始构建文化理念的同时，园林的奢侈之风在东汉晚期和两晋南北朝的皇家和权贵中非常盛行，这些园林的社会知名度和影响在当时绝对高于尚未完全成形的文人园林。如史上因"斗富"而著名的西晋权臣石崇有一座豪华的庄园名为金谷园，他自己描写园中的生活即是"登云阁，列姬姜，拊丝竹，叩宫商，宴华池，酌玉觞"（《金谷园序》）。南朝齐国的末代皇帝萧宝卷（被杀后追封为东昏侯）"起芳乐苑，山石皆涂以五彩，跨池水立紫阁，诸楼观壁上画男女私亵之像"。北魏时的洛阳更是贵胄府第园林集中的地方，城西寿丘里因皇室宗亲聚居，民间称之为"王子坊"。那里的王侯、外戚、公主"擅山海之富，居林川之饶，争修园宅，互相夸竞"；"崇门丰室，洞户连房，飞馆生风，重楼起雾。高台芳树，家家而筑；花林曲池，园园而有"。（《洛阳伽蓝记》）这些权贵尤是"多所受纳，贪婪之极"，他们最后的结局是几乎被杀光，府第和园林亦被改题为佛寺（伽蓝）。唐代国家富强，故权贵奢华之风仍有延续，如被形容为"刻凤蟠螭凌桂邸，穿池垒石写蓬壶"的安乐公主园，打造得便如仙境一般。唐末宰相李德裕的平泉庄"卉木台榭，若造仙府，……天下奇花异草，珍松怪石，靡不毕致其间"，李自己生前未能享受，却每每担心死后被他人所夺。如此炫耀和执着于拥有，虽与文人园林的本意相去甚远，但李造平泉庄却口口声声为的是"终老林泉"，实际上标榜的是已逐渐深入人心的文人园林的价值观。不难想象在当时权贵的园林中，即便为了附庸风雅，多少也都会浸染一些文人园林的作风和情趣。

文人园林的理念真正成为中国传统园林的核心理念或总体完成文人化的演进虽已经是宋代，但这是任何事物从出现到被广泛接受都必然经历的过程。其深刻的意义在于中国的园林文化在这样长的时间里做出的历史选择。记得有西方哲人说过大意这样的话："一个优秀的民族，总会自动地选择好的东西来珍视和尊重"；"所有伟大世界文明的生活理想都是简朴的，审美的"。我不敢说历史上被我们民族选择珍视和尊重的东西都是好东西，但中国古代园林选择了文人园林的文化概念和价值观作为自己的核心理念应该是一个好的选择。

第四章 文园真趣，人作天开

一、宋明文园盛事多

中国古典园林从魏晋开始建立起来的以文人园林为主导的独特的文化观念和审美观念，到唐宋已臻完善。即：园林艺术从"比德山水"和"道法自然"的思想出发，表现寄情山水田园的生活美和蕴含着诗情画意的自然美。唐代文人如王维、白居易等，通过诗歌文章和实际营园，巩固了魏晋时期始创的文人园林的理论基础和艺术形式。宋代是中国古代政治上最开明也最宽容的朝代，宋太祖赵匡胤曾以"祖训"的郑重形式，要后人善待前朝宗室并禁杀士大夫及上书言事之人（注：事载陆游《避暑漫抄》）。由于实行了比较彻底的科举取士制度，很多高官显贵来自民间的士阶层，在皇帝的直接倡导和亲自参与之下，全社会重文尚艺，贤人辈出。那些大名士如欧阳修、苏轼、朱熹等皆是风流倜傥，各领千秋；连军事将领如韩琦、岳飞等也无不文采飞扬。正因为如此，宋代的文化艺术全面达到了历史的巅峰。王国维等许多大学者都认为中华文化艺术十之八九大成于宋。宋代社会经济繁荣，都市内外名园荟萃，由于大多数园主人就是朝野的文人，堪称史上"最正宗"的文人园林。此时文人园林已经完全告别了早期的稚拙，代之以高度的成熟。成熟也就意味着初创时期的理想主义和那种为了实践新的生活方式而不惜打破旧传统的探索精神相对淡化，而更为注重对艺术境界和细节完美的追求。也可以说，文人园林到了宋代才真正把中国古代文人的人生理想、审美情趣和价值观念做到了具体而微的艺术表达，文人园林"法天贵真"等基本思想也成了中国园林艺术的核心理念。自称"天下第一文人"的宋徽宗赵佶依照山水画的概念营建的皇家园林艮岳（详见第五章）既是皇家园林艺术发展的一个里程碑，同时也是中国古典园林完成了文人化转折或曰演进的最重要的标志。

可惜宋代园林也几乎没有遗存下来的实例，有的园林虽为宋代始建，屡经后世变迁也都早已面目全非。然而我们还是能够从当时的文章记叙，诗词绘画等作品中管窥一斑，同时结合学术界对两宋文化的深刻研究，就可以对宋代园林的内容形式，特别是设计理念和审美情趣有一个比较清晰的概念。宋代尤其是北宋的艺术秀雅清新，百花齐放，富于书卷气但不酸腐，其更为可贵之处在于对现实生活抱着积极而欣赏的态度（图 1-4-1 ～图 1-4-4）。

图 1-4-1 宋代绘画——《山水》(郭熙)　　　图 1-4-2 宋代绘画——《花鸟》(林椿)

图 1-4-3 宋代绘画——《楼台》(李嵩)　　　图 1-4-4 宋代绘画——《水村小景》(夏圭)

宋代社会内部比较和谐，京城甚至夜无宵禁，民生富足，文化全面发展，一些研究中国历史文化的外国学者（如法国的勒内·格鲁塞）也普遍认为，宋代人过着一种优雅而精致的生活；人际交往（包括与外国人交往）中不乏善意和幽默。著名的《清明上河图》所描绘的就是这样的城乡经济文化生活的场景（图1-4-5、图1-4-6）。

图1-4-5　张择端《清明上河图》（局部之一）

图1-4-6　张择端《清明上河图》（局部之二）

综合起来看宋代是古代园林艺术发展最好的时期，相对后世私家园林的精巧，宋代园林更以天然、疏朗、清隽、讲求意境和情趣为基本特色（图1-4-7～图1-4-9）。

宋代高度发达和普及的强调"师造化"的绘画艺术，为园林造景提供了无数范本和理论方法上的支持，其他如营造工艺等也都更加进步，有助于在园林里实现更多的巧思妙想。此后中国古代的园林艺术虽然仍有发展，但像宋代那样特别有利的社会、文化、经济的环境似乎再也没有出现过。

宋代有关园林的记述很多，最著名的有北宋李格非的《洛阳名园记》，南宋周密的《吴兴园林记》等，都实录了当时私家园林的盛况。在洛阳诸多名园之中，有一个"卑小不可与他园班"的小园，就是司马光的"独乐园"。司马光是一代名贤，历史巨著《资治通鉴》的主编，官至尚书右仆射，封温国公。宋神宗时因为

图 1-4-7 刘松年园林画——《四景山水之冬》

图 1-4-8 刘松年园林画——《四景山水之春》

图 1-4-9 刘松年园林画——《松堂图》

反对王安石变法，被贬居西京（洛阳）15年，独乐园就建于这个时期。此园是个只有20亩的宅园，园中景观皆随主人心意布置，园成之后司马光本人写了一篇《独乐园记》。透过园景和园记，人们可以读出一个有品德的文人在人生失意的时候所选择的是怎样一种"独善其身"的生活。

园记表明独乐园进门是个庭院，庭院里有"弄水堂"，堂中央是个三尺见方的小池，水从南分五股注池中，"状如虎爪"，然后"出北阶悬注庭下"。正房也就是独乐园的核心建筑，为藏书五千卷的"读书堂"，不过才"数十椽屋"。读书堂北是园林区，有一个水池，池中有岛，岛上种竹，把竹梢揽结起来像渔户的棚屋一样，取名"钓鱼庵"。沼北亦种竹，有房六间与读书堂隔池相望，名"种竹斋"。沼东为药畦，畦间有"浇花亭"。园外有山，但因树木遮挡看不见，便筑了一座高不过丈的小台，台上作屋以观山，名"见山台"。独乐园的全部内容差不多就是这些（图1-4-10、图1-4-11），十分俭朴但很有意味，景题直白率真而无俗情。司马光自称"迂叟"，除了读书，"志倦体疲，则投竿取鱼，执纴采药，决渠灌花，操斧剖竹，灌热盥手，临高纵目，逍遥徜徉，唯意所适"。看起来像是又一个陶渊明或是王维。但司马光并不是以园居为归宿，他一方面把独乐园作为独善其身的养性之所，一方面是要"园以言志"。《独乐园记》最后虚拟了一段问答。问："吾闻君子所乐必与人共之，今吾子独取于己不以及人，其可乎？"答："叟愚，何以比君子，自乐恐不足，安能及人？况叟之所乐者薄陋鄙野，皆世之所弃也，虽推以及人，人且

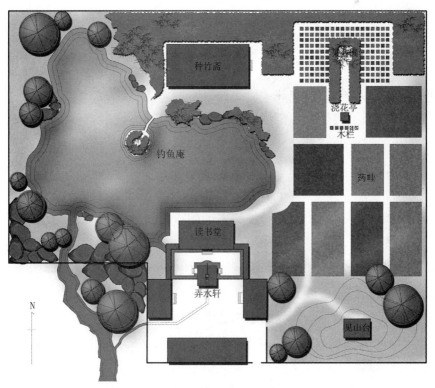

图1-4-10 司马光独乐园平面示意图（雷晨作）

图 1-4-11　宋画——《独乐园图》

不取，岂得强之乎？必也有人肯同此乐，则再拜而献之矣，安敢专之哉？"这段对话足以说明，他的"独乐"是不得已的，只因不肯从俗苟且而使然。重要的是他仍然热切地期待着有人理解自己"薄陋鄙野"的乐趣，亦即采纳他的政治主张。后来他真的如愿以偿了。司马光是位实至名归的儒者，"独善其身"最终是为了"兼善天下"。

有一个关于独乐园的小故事，说司马光不肯收园子（园丁）上交的"茶汤钱"，后来园子就用这些钱在园中建了一座亭以答谢主人。所谓"茶汤钱"是来园参观的人按惯例给园子的小费，常规要和园主五五分成。这个故事佐证了宋代的私园当主人不用的时候允许群众（特别是学子）参观的说法，而小费足以建一个亭子则说明参观的人亦不少。独乐园因其俭朴反而为当时的人们所钦慕，也反映出宋人仍然看重"人格"和"园格"的一致性。

元代历时虽不到百年，但却使得中国的古代社会在总体上经历了数百年的发展、完善之后突然"休克"，社会的"生态"也发生了很大变化。作为多数私园主人的汉族士人的社会地位大大下降，特别在传统深厚的南方，被归于最低等的"南人"之列。文人群体大部分被从统治集团的核心剥离，仕途难有大望。在文人政治上被边缘化的情况下，元代的艺术逐渐脱离了宋代比较乐观积极的现实主义传统，形成了一种既回避政治也疏离市井的"纯"文人化的倾向，表现最明显的是绘画。

元代绘画基本上摒弃了两宋画院"师造化"和追求细节真实的作风，特别注重笔墨神韵，并把诗文书法融入绘画。绘画的内容则趋于狭窄，多为山水树石、

图 1-4-12　元代文人画——倪瓒《山水》　　　　图 1-4-13　元代文人画——吴镇《墨竹图》

梅兰竹菊等表现隐居和文人风骨的题材（图1-4-12、图1-4-13），像《清明上河图》那样表现社会生活的作品几乎绝迹了。文人从面向现实的社会和真实的"造化"，转而更多面向自己的"心源"。就审美的意义上讲，应该是从"无我之境"向"有我之境"的转变。这种艺术观念的转变是总体性的，园林也受到了深刻的影响。当然，中国的园林从来都没有像英国式风景园或现代国家公园那样近乎彻底的无我之境，但是如辋川别业相对苏州宅园就可以说是某种程度的无我之境。重要的变化是，由于中国文人园林除了要表达人与自然的关系之外，同时还反映着中国文人心灵深处始终存在的"儒"与"道","仕"与"隐","闻达"与"独善"等理想和观念的矛盾（或者说两个"乌托邦"），在元代的社会文化环境的作用下，园林的创作理念明显更加倾向了"隐逸"。

元代诗人滕宾为自己的小园（园名不可考）写了两首《行香子》。

其一：短短横墙，矮矮疏窗。一方儿，小小池塘。高低叠嶂，曲水边旁。也有些风，有些月，有些香。　　日用家常，竹几藤床。尽眼前，水色天光。客来无酒，清话何妨？但细烘茶，净洗盏，滚烧汤。

其二：水竹之居，吾爱吾庐。石粼粼，乱砌阶除。轩窗随意，小巧规模。却也清幽，也潇洒，也安舒。　　斓散无拘，此等何如？倚栏杆，临水观鱼。风花雪月，赢得功夫。好炷些香，图些画，读些书。

滕宾的小园和司马光的独乐园都可以说是典型的文人园林，但志趣有很大的不同。独乐园是一代重臣的韬光养晦之所，小园则是一个仕途无望的文人（注：滕宾生平鲜为人知，传最终入山修道）全部的精神寄托。两园主人的诗文明显反映出儒道思想在宋元文人中的此消彼长。从园林的角度来看，滕宾的小园似乎生活和审美的氛围更浓厚，主人在其中倾注的感情更真挚，更入微，也更动人（图1-4-14）；独乐园则似乎有些刻意造作的成分。但对世事却相反，司马光有期待亦有坚持，滕宾则因无奈而冷漠回避。

图1-4-14　滕宾
小园景境画意

明代虽然恢复了士人的社会地位和仕途前程，但政治氛围紧张，皇帝残刻寡恩，内侍擅权横行，官场上缺少安全感和宋代那样的君子之风；另一方面商品经济和市民社会则有所发展。所以这个时期的主流艺术虽然延续元代的"纯"文人倾向，但文人作为群体在学术探索和政治博局中却表现出了某种"成仁"的勇气和担当（如海瑞与"东林党"），从而赢得较为稳固的社会地位；同时，社会上的市民文化和对个性解放的诉求也在萌生和壮大。所以明代皇帝虽多闭居深宫，皇家园林没有太大作为，而江南的私园则继宋之后再次蓬勃发展。

与宋代特别是北宋的潇洒和悠然相比，园林艺术在表面的闲情逸致之下，"隐"、"退"、"避"等无奈的情绪依然浓厚，在"寄情山水"的内涵里，"寄骚"的成分很高。园林意境的文化表达则趋向更为含蓄甚至晦涩；很多题联看起来脱俗，其实言外有许多无奈。体现到园林艺术风格的变化则是：空间更加内聚和幽闭，更加强调曲折婉转和局部细节的趣味，更加沉醉于"壶中天地"的玄理禅机和"与谁同坐，明月清风我"的孤芳自赏。

然而不管怎么说，元明时期园林艺术的"基本盘"从内容到形式并没有脱离文人园林的艺术框架，而且在相当程度上使它发展得更加充实和完备了。明代的文人书画艺术和鉴赏相对元代也获得了新的发展。当时以沈周、文徵明、唐寅等人为首的吴门画派最擅长表现的主题之一就是园林。据说文徵明绘制的数十幅拙政园图就是该园的设计图，可见明代绘画与园林有了更加直接的关系（图1-4-15～图1-4-17）。

图 1-4-15　明代文人画园林——文徵明《拙政园图》

图1-4-16　明代文人画园林——徐贲《狮子林图》

图1-4-17　明代文人画园林——沈周《东庄图》

　　与绘画同时，以江浙一带的私家宅园为代表的明代园林则锁定了文人园林后期的艺术风格。这种后期风格得到了高度发展的手工艺的支持，除了文人园林一向要表现的本色和自然之外，更多了些像明式家具那样的精致和典雅。少量保存到今天并大体上维持了原始格局的明代园林，如苏州的拙政园、艺圃，无锡的寄畅园等都堪称代表中国古典园林艺术最高水平的经典之作（图1-4-18～图1-4-20）。

图 1-4-18 拙政园

图 1-4-19 艺圃

图 1-4-20 寄畅园

图 1-4-21　陈植先生注释《园冶》

明代文人的另一个重要贡献是总结归纳了一系列园林艺术的理论,如文震亨的《长物志》,李渔的《一家言》,陈继儒的《岩居幽事》等著作中都有关于园林的论述。尤为难得的是明末造园家计成所著《园冶》,是在作者自己半生实践的基础上,把中国几百年零散的以及口传心授的造园理论和经验作了完整和系统的表述(图 1-4-21)。吴良镛先生评道:"明代的《园冶》可以说是一部罕见的、具有独特中国思想特征的园林、建筑著作"(《建筑理论史》中文版序)。我想吴先生这样说是因为《园冶》把造园的技巧和其文化目的以及历史渊源紧密结合,把中国园林的诗情画意如何通过景物的配置来实现,用文学的语言做了深刻的解读,并且把中国园林审美的价值取向准确而简明地定位于"虽由人作,宛自天开"。对于学习和研究中国园林,《园冶》的理论总结具有无可替代的权威性。其作者计成工于绘画诗文,自述"少具绘名,最喜荆浩、关仝笔意";《园冶》通篇骈体,文采俨然大家;营园亲力亲为,更非徒逞口舌之辈。尽管自谦"大观不足",但在满世界"大师"的今天,"祖师"的称号,计老前辈绝对当之无愧。

二、再造自然,宛自天开

魏晋隋唐时期的私园以郊野山林中的庄园别业为盛,而宋明时期蓬勃发展起来的尤是城市里的宅园。宅园的主要成就不在于开拓新的园林艺术理念或价值观,而是发展并完善了一套在没有或只有很少天然景物的场地上,用人工塑造如诗如画的园林环境的艺术手法和施工技术。事实上中国园林能在世界得到广泛赞誉,是和具备这种用人工塑造宛自天开的园林环境的能力有着直接关系的。然而,中国人之所以要劳神费力营造这样的环境,归根结底还是因为有以自然为师为友的先哲思想,有崇尚山居岩栖、归隐田园、寄情山水这样独特的文化现象。这样的文化现象不仅是中国园林艺术创作的原始动力,同时也将其纳入了一个共同理念的文化框架。园林技艺以达到"宛自天开"的效果为基本目的,正是在这个文化框架引导下的必然方向。

中国园林追求"虽由人作,宛自天开"的效果,是和世界其他古典园林体系最明显也是最根本的区别。一位生活在 17 世纪,并且曾经游历过中国的英国爵士 Willam Temple 说:"在我们这里,建筑物与植物的美主要体现在某些特定的比例、对称性,或者统一感上;我们的道路和树木在安排上也是相互呼应,等距排列的。

中国园林则对这种布置方法不屑一顾，……他们最大的想象力是发挥在园林景观的创造上。这里展现的美可以是伟大的，引人瞩目的，但是其中却没有任何规划或各部之间的严格配置，……虽然我们对这种美缺乏概念，但是他们有一个特殊的词汇来表达这些景观：那些令他们第一眼就流连忘返的地方，他们称作是'疏落有致'（Sharawadgi），是令人触景生情的地方，或是任何其他诸如此类的表达赞叹景仰之情的词语"（转引自王贵祥译《建筑理论史》）。

这位英国爵士很敏锐地看到了中国人和西方不同的审美观和创造景观的不同取向。他承认对中国这种不规则的美"缺乏概念"，因为这和他所熟悉的对称、等距、几何图形等人为秩序的美完全不一样；他认同这种美是伟大和具有感染力的，但不了解中国人创造这种美的想象力是从哪里来的（他并没有明确把这种美和自然美联系起来）。

其实在中国人看来重要的不是规则不规则，而是自然不自然。中国人认为自然是"仁、智、德、善、美"的化身，"大道"即是自然，自然比人更完美。所以，中国人创造景观最基本的出发点就是"师法自然"。然而所谓"师法自然"并不是机械地模拟自然，而是综合了对中国独具特色的自然山川之美和人在其中生活之美（图1-4-22～图1-4-26）的深入的体验，包含着深厚的感情和深刻的文化解读。

图1-4-22 中国山川丰富多彩且独具特色——奇峰（湖南张家界）

图1-4-23 美松（安徽黄山）

图1-4-24 幽谷（河南云台山）（以上三图为网络图片）

图1-4-25 仙潭（四川黄龙）

图1-4-26　雾中山村（江西婺源，马日杰摄）

中国园林艺术的目的是要把自然山水外在的"美"和内在的"道"表现出来，同时还要把人在自然中生活的诗情画意表现出来（图1-4-27～图1-4-29）。为了达到这样的目的，中国园林发展了一套独特的用人工再造自然场景的方法和技艺。

这套方法和技艺的基础首先就是发现和掌握自然美的规律。比如中国人早就领悟到自然是"无成执、无常形"的，是"石无位置，树无行次"的，所以认为不规则的手法在多数情况下更符合自然的规律；又如为了让园林更具自然的形态，

图1-4-27　峰石是中国园林的特色景观，具有中国奇峰的神韵——留园"石林小院"

图1-4-28　园林生活体现隐逸之道并和自然水乳交融——马远《秋江渔隐图》

图 1-4-29　园林景观表现出自然化的人（怡园）

所以大量使用不经人工雕凿的山石等天然材料。尤使中国园林突出自身文化特色的是其与中国山水画的渊源和为了表现生活内容而形成的一种自然元素和人工建筑融合在一起的园林空间。

中国的文人园林和中国的山水画可以说是中国文化的双生子，都是始于魏晋，兴于唐而大成于宋，艺术表现的目的也极为一致，两者之间互相影响是顺理成章的事。所以中国园林的造景和组景同时也借助于山水画的理论和章法。由于山水画的理论亦源自对自然美的观察和理解，"宛如山水画"也可以说就是"间接的宛自天开"。如中国山水画对整体效果追求的是"气韵生动"，为此画中的山要表现出主次、远近和层次，道路要随势曲折，水面要收放潆洄；而且山要描绘出峰、峦、岫、谷、坡、崖等，水也要描绘

图 1-4-30　人工塑造自然山水的典型形态——山涧水口（羡园）

出溪、涧、瀑、塘等多种典型的形态。造园也应该像绘画一样把自然中的典型景观塑造出来，并按照自然的规律和构图的原理生动有致地组织成完美和谐的整体（图 1-4-30 ～图 1-4-33）。

图 1-4-31 人工塑造自然山水的典型形态——溪岸板桥（拙政园）

图 1-4-32 人工塑造自然山水的典型形态——崖谷磴道（艺圃）

图 1-4-33　多元素组合的整体效果（拙政园）

　　然而园林和山水画毕竟不是一回事。比如掌握了一定的绘画技巧就能够做到缩天地于尺幅之中，表现气势磅礴的大山甚至崇山峻岭，而园林在有限的场地里就做不到（图1-4-34）。中国园林从秦汉就开始有人工的"筑山"，而具体详载模仿自然的山似乎最早是北魏司农张伦园中的"景阳山"，"伦造景阳山，有若自然。其中重岩复岭，嵚崟相属；深溪洞壑，逶迤连接……崎岖石路，似壅而通；峥嵘涧道，盘纡复直"（《洛阳伽蓝记》）。此山是否真如写得那么精彩不得而知，但它的确是模仿了一座真山，并塑造了一些真山的典型景观。但此后洛阳却几乎再

图 1-4-34　表现完整场面的山水画（范宽《临流独坐图》）

图 1-4-35 剩水残山（马远《梅溪图》）

无叠石筑山的记录了（注：如《洛阳名园记》即没有叠石的记述），说明这样的做法未能继续传承。原因无非是费用太高，而效果却未必很好。道理也很简单，要在较小的园林里打造完整的山岭，势必要大大缩小它的比例，而人和建筑却不可能像绘画那样缩小，各个园林元素的相对尺度就会出现矛盾。如此造山最后只能得到一个大盆景的效果。明末文人李渔在《一家言》里说："山之小者易工，大者难好……从未见盈亩累丈之山能无补缀穿凿之痕，遥望与真山无异者"。此言是知者至论，也是经验的总结。

南宋以后江浙一带私园的叠石大多数不再追求表现完整的山峦，而是改为重点经营一些山的典型局部，如一片坡脚、一段涧谷、几组半埋半露的山石等等，通过特写的局部使人产生对整体或画外之意的联想。这种聪明的做法和当时画家马远、夏圭等专擅表现"剩水残山"、"半边一角"等有着异曲同工之妙（图 1-4-35）。

事实上，当人真的和大自然近距离接触的时候，看到的往往就是局部。而在园林里表现自然的局部，比较容易把握，而且尺度接近真实，与人和建筑的比例就可以接受了。特别是当人在精心营造的园林空间里，只看到局部宛自天开的"残山剩水"和其他园林元素交织在一起的时候，反而会产生身处山林之中"不识庐山真面目"的感觉（图 1-4-36、图 1-4-37）。有这样的效果就可以说从有限的园林里，体验到大自然的无限了。

把中国的绘画原理和想象力应用在造园里是中国园林重要的创作方法，它不仅使中国园林更深入地认识了自然的各种形态及其组合规律，丰富了园林造景的内容和手段，同时更加强化了园林艺术所蕴涵的

图 1-4-36 使人有身在山林"不识庐山真面目"的体验——中南海"静谷"

图 1-4-37 寄畅园"秉礼堂"院

中国特色的自然和文化。用欧洲的例子反证一下似乎有助于理解上述观点。受到中国园林的启发，18 世纪英国出现了自然风景式的园林，他们亦称之为"风景画式的园林"（"Landscape"即有风景画的意思），在"宛自天开"的原则上和中国园林也近乎一致。但由于欧洲的自然景观和绘画等文化传统与中国完全不同，尽管都是"自然式"或"不规则式"的园林，表现出来的效果却很少有相似之处（图1-4-38 ~ 图 1-4-40）。当年有中国旅欧人士就曾对那里疏林草坪式的园林不以为然，说"只有牛才会喜欢"。但客观地看，英式园林更接近欧洲真实的自然形态，中国园林与其说是自然式，不如说是自然而然式更恰当。

图 1-4-38 英式自然风景园设计图（引自张祖刚《世界园林发展概论》）

图 1-4-39 缓坡草坪式的早期英式园林（引自《The Garden Book》）

图 1-4-40 欧洲随处可见的牧场（黄汉民摄）

　　形式上的自然美是中国园林艺术表现的一部分，另一个重要部分是人在自然中的生活美，这也是中国园林和西方园林的重大区别。"中国古代美学所说的自然美，是同人类生活处在和谐统一中的自然美，不是同人类生活无关的东西"（《中国美学史》）。而要表现人在自然中的生活美，就需要有建筑。在中国园林里建筑即意味着人的存在和人在自然里的生活方式，所以一直是园林不可缺少的要素。

　　中国园林里的建筑与普通建筑最大的不同是，它们和园林里的自然要素是一种水乳交融的关系，并共同构成园林的空间，也可以说这些建筑的特征在很大程度上取决于所在的园林场所。"宛自天开"对于园林中的建筑来说就应该是"好像从场地上生长出来的一样"。为此，建筑要"因势随形"，即随场地的起、伏、狭、阔等条件，自然而然地布置适当的建筑，这样能够得到建筑错落有致地"嵌入"到园林里的效果。同时建筑自身也要"自然化"，尽量保持天然质感而不刻意雕琢，还要善于利用环境里的山水树石等自然要素，和它们自然而然地组织在一起。上文提到过的白居易在庐山的"五（疑应为四）架三间新草堂，石阶桂柱竹编墙"就是一个经典的例子（图 1-4-41～图 1-4-43）。

图 1-4-41 建筑和自然元素自然而然地组合在一起——北海"静心斋"

图 1-4-42 建筑和自然元素自然而然地组合在一起——网师园

图 1-4-43 "墙圬而已不加白，木斲而已不加丹"（日本文化遗产"春草庐"等古园里的建筑依然保持着中国唐宋文人园林本色的作风）

图 1-4-44　人工与自然互相穿插渗透的园林和建筑空间——拙政园

图 1-4-45　人工与自然互相穿插渗透的园林和
建筑空间——艺圃

　　为了在有限的场地上获得人在自然中生活的感觉，中国人苦心孤诣地营造了一种建筑与自然互相环绕，室内与室外互相穿插渗透的园林和建筑的空间形式（图1-4-44、图1-4-45）。

　　这在古代世界是一种非常独特的空间形式，堪称天才和智慧的创造，中国园林要追求的"步移景异"等艺术效果在这样的空间里可以得到最好的展现（图1-4-46、图1-4-47）。其文化的意义在于，这样的空间也是对中国人理解的人与自然关系的最形象的解读，或者说只有这样理解人与自然的关系，才会更有意识地创造这样的空间。

　　在园林中经营建筑，最重要的依然是"自然而然"。做到自然而然，才可能有宛自天开的效果，然而如果建筑在园中所占比例过高，自然而然就难以做到。由于中国古代私园常和住宅相邻甚至相混，本应属于住宅的许多功能不断向园林转移，致使建筑比例增加，这样的情况到晚期尤甚（图1-4-48）。虽然综合表现自然美和生活美是中国园林的特点，但自然美更应该是表现的主体，表现生活是为了表现人的自然化。建筑过多，功能不纯，并非文人园林的初衷。

图 1-4-46　在曲廊中体验
"步移景异"（网师园）

图 1-4-47　对景不靠轴
线,靠游人观览时"不经意"
的发现（拙政园）

图 1-4-48　狮子林后来增加
了很多建筑,显得拥塞不堪

三、小中见大，象以尽意

图 1-4-49　寄畅园借景锡山

园林相对其所要表现的大自然来说空间总是有限的，特别是宅园，绝大多数的空间都很小，所以中国园林想方设法扩大园中人的空间感受。比如把空间的层次增加一些，曲折变化多一些，把建筑的尺度缩小一些以及上一节谈到的通过表现局部使人联想到整体等等都可以在某种程度上达到这样的目的。

扩大空间感最有效的办法是"借景"，《园冶》把"巧于因借"视为园林设计的第一要义，正是因为借景有这样的作用。无锡寄畅园是一个最为论园者所乐道的实例，该园面积虽然只有15亩，但东借惠山、西借锡山，使小园的空间获得了几乎无限扩展的视觉效果（图1-4-49）。

按《园冶》对借景的解析，借景可以借"实"，亦可借"虚"，即借那些没有实形但可以对景观产生特殊影响的如风、月、云、雨、声、光等非确定的元素（图1-4-50）。借实景需要条件，借虚景则更需要对美的感悟和创造的智慧。宋

图 1-4-50　美妙的云霞让颐和园真如仙境一般（网络图片）

代词人辛次膺有句"凿个池儿，唤个月儿来"，可以说是"借虚"最为简明生动的注脚。

　　然而中国园林的文化目的不仅要追求扩大空间的视觉感受，它更要通过对园林的欣赏和解读而达到"小中见大"的启示，意思是从小园林可以见识到大自然或大世界。"小中见大"的概念在其他艺术领域也经常出现，如丰子恺先生题在漫画上的诗"尝喜小中能见大，还须弦外有余音"；做文章讲"微言大义"也是一样。可见"小中见大"也是几乎所有艺术领域都在追求的一种境界。对于园林来说，"小中见大"更是一种真实的感知和体验。

　　有一首描写小池的唐诗："……占地无过四五尺，浸天唯入两三星。鹢舟草际浮霜叶，渔火沙边驻水萤。才见规模识方寸，知君立意在沧溟"。占地只有四五尺的小池不可谓不小，但晚间四围昏暗，唯有它的水面能倒映出两三颗亮闪闪的星星，感到空间豁然扩大了。观赏小池还可以联想到更多的事物：落叶在水面漂浮，诗人联想到江湖里的船舶；萤火虫高低明灭，诗人联想到渔村夜晚的灯火。通过这样的联想，就放大了小池意境，并把人思念江湖的情感移注到小池上来了。朱光潜先生说"欣赏本身也是一种创造"（《谈美》），这首诗不正是这样创作的吗？

　　又如中国建筑里常见的小天井，若巧于经营，布置一些山石花藤之类，也可以读出自然美的种种信息和产生种种联想（图1-4-51）。

图1-4-51　天井可以看做是从建筑空间里"掏"出来的自然空间（杭州郭庄）

　　清代书画家郑板桥有一段著名的题画文："十笏茅斋，一方天井，修竹数竿，石笋数尺，其地无多，其费亦无多也。而风中雨中有声，日中月中有影，诗中酒中有情，闲中闷中有伴，非唯我爱竹石，即竹石亦爱我也。"其自然的情趣与人格，与园林并无二致。在宅地普遍狭小的日本，这种小园被打造得极为精致（图1-4-52），他们称之为"坪庭"。

图1-4-52　日本坪庭（图引自横山正《坪庭》）

通过对园林的欣赏和解读所获得的"小中见大"的感悟，较之视觉上扩大空间的感觉更是一种意境，这又是一个"很中国"的概念。相对而言，西方古典园林里的"形"就是"意"。一片花坛，就是看它的图案和颜色多么美妙，园艺水平多么高；一组水景，就是看它的设计多么机巧，视觉效果多么神奇；一座园林，就是看它的构图多么规整，规模多么宏大。表现的基本上是纯形式的美，形式美就是目的，其美的标准也是均衡、比例、尺度、协调、对比等近乎建筑美学的概念。

中国园林虽然也很讲求形式，但美的标准首先是"宛自天开"，尤其讲求的是"形外之意"，即所谓"意境"。

关于"意境"的概念，到现在还没有一个很确切的定义。我想就风景园林而言，可以说是观赏者由视觉景观所触发而产生了某种意念和意念的景观。这种意念或意念的景观和中国的传统文化生活以及山川风景有关却又因人而异，往往取决于个人的生活经历、美的记忆乃至学识修养等因素。如李白面对庐山群峰，即有"遥望仙人彩云里，手把芙蓉朝玉京"的浪漫想象；孙髯翁面对五百里滇池则产生了叹息史上"滚滚英雄"都付与了"苍烟落照"，"只赢得：几杵疏钟，半江渔火，两行秋雁，一枕清霜"（摘自大观楼长联）的沧桑感以及沉重的虚无与悲凉。而在园林里更多的是"短艇得鱼撑月去，小轩临水为花开"（沧浪亭联）这样的诗情画意。中国风景园林中的匾额对联绝大多数都是对景观意境的抒发，并已成为园林艺术不可或缺的极具中国文化特色的重要组成部分，有不少园林景观甚至因为题咏而著称于世（图1-4-53）。

对于中国园林（尤其是文人园林）来说，形式并非唯一的甚至并非最主要的艺术追求。借用易传对卦象的表述是"立象以尽意，得意则忘象"。"立象"是手段，"尽意"才是目的，目的

图1-4-53　昆明大观楼因孙髯翁长联而著名

若是达到了，手段就不那么重要了。中国园林对"景境"的关注更甚于"景观"。所谓"景境"，可以理解为景的环境和意境的综合。如拙政园的荷风四面亭，亭本身无奇，但四面环水，水中的莲荷香远溢清，其联为："四壁荷花三面柳，一潭秋水半房山"。提示出来的景境可以说既得诗情，又有画意（图1-4-54）。后来有些园林过于追求形式的新、奇、特、丽却不顾景境的和谐，结果往往事倍功半乃至适得其反，尤须引以为戒。正因为中国园林讲求意境，所以景观的组织要给人留下想象的余地，就像中国画总要有"留白"一样的道理。园林是在三维的空间里，一方面要尽可能做到空阔疏朗而不要拥塞；一方面还要做到曲折宛转而不要一览无余。

图1-4-54 拙政园荷风四面亭

中国园林的意境以及小中见大等概念包含了园林的创造、欣赏和解读，其中不仅有许多感悟的成分，甚至连艺术、哲学、宗教等各方面的内容也包括了进来，所以历来的文人都喜欢以此来作大文章。这些文章把从小园林见大世界的命题尽情发挥，其中不少很有园林文化的价值；但为了使文章更显玄奥，作者往往借助宗教的概念，如道教的"壶中天地"，佛教的"芥子纳须弥"等等，把片山勺水的园林想象成包罗万象的大千世界，也未免有些过分夸张和牵强附会的地方。早期的皇家园林的确曾以方外神仙世界的想象为蓝图，而当自然美和人在自然中的生活美成为中国园林表现的基本内容之后，"宛自天开"和"诗意画境"就成为它最核心的艺术追求。一些诗文的借题发挥或宗教哲理再没有产生过足以改变中国园林基本理念的影响（使其改变并衰微的是其他因素）。

四、小结及补缀

宋元明是中国园林的成熟期，也是中国的文人文化形成了完整体系并主导了中国文化理念的重要时期。园林在这个时期得到了最全面的发展的同时也完成了文人化的演进，园林艺术亦成为中国文人文化体系的一个重要组成部分和载体。宋代高度发展的绘画艺术对园林艺术有极大的帮助。在南宋和元明剧烈的社会变迁中，园林和绘画的作风往往也一起改变。如山水画从客观写实的"无我之境"

向更重表现主观情趣的"有我之境"的变化，进而向纯文人的几乎"唯我之境"的变化，都对园林的艺术风格乃至造景题材产生了深刻的影响。对于园林学尤为有意义的是，中国园林独特的创作手法和技艺也在这个时期得到了最后的完善，并被公认为东方园林体系的始创渊源。

"虽由人作，宛自天开"是中国园林最核心的审美价值观，也是中国园林造景的基本指导原则。不过"宛自天开"并非纯任自然，因为中国人关于"自然"的概念是包含着人和人的生活的。同时，中国园林中的自然和人也都是经过了"文化修正"的自然和人，即所谓"人化的自然，自然化的人"。这个"两化"的概念是对"宛自天开"很恰当的补充。

有一种说法，即业内人（包括我自己）习惯讲的"源于自然，高于自然"，仔细想想这个概念不太妥当。"源于自然"没问题，问题在"高于自然"。明代文人王世贞在《弇山园记》里说过一段话："凡辞之在山水者，多不能胜山水；而在园墅者，多不能胜辞。亡他，人巧易工，而天巧难措也"。老先生真是把古今山水园林的文章一语概括了。他显然认为人工是不可能高于自然的。如果说对自然做了些改造或"文化修正"，对自然美做了些人为的选择就是"高于自然"的话，那西方园林"强迫自然接受人的法则和条理化"岂不更是"高于自然"？其实中国园林从未有过所谓"高于自然"的追求，那只是当代学者未经深思熟虑的提法。如果说"人化的自然"就比较准确了。

还有个问题总觉得补缀一下好，即中国园林可能比其他如西方的园林承载了更多文化和生活的内容，本书内容也正是试图对中国园林作一个较为系统的文化解读，但园林和诗文书画等不尽相同，它首先是人为自己的活动营造出来的一个特殊的场所，营造这样的场所需要和涉及的不仅是人们通常所理解的"文化"。在这一点上园林和建筑是很相似的。文化是园林艺术的灵魂不错，但文化概念不能取代艺术创作和技术经营（包括比例、尺度、协调等建筑美学的规律），文化解读也不能取代人们对园林直接的欣赏和审美体验。如果过分强调和园林本身没有直接关系又被一些所谓"文化人"随意引申的文化概念，把园林艺术当作这类文化概念的图解，那就完全错会了园林文化的应有之义。

第五章　皇家园林有新篇

　　艺术的主题或概念其实常常很简单，甚至只用一两句话即可概括，但表现主题的方式和角度则可以而且必须多样，否则就只有命题，没有艺术了。以"君权神授"为主题的中国皇家园林当然也不例外。早期的皇家园林，秦皇是露骨地炫耀胜利者傲视天下的威严和霸气；汉武则力图把人们对神明的崇拜和对人君的崇拜合而为一；唐宗更着眼于表现一个繁荣强盛的中央帝国的宏大气势。然而自魏晋之后，和皇家园林有着不同价值观和审美观的文人园林迅速发展和普及，同时也对皇家园林产生了重大的影响。早期的皇家园林仅仅凭借原始的神话传说来诠释"君权神授"的思想已是难以为继，像汉武帝那样急于想在"此岸世界"就能够通神得道的幻想更是经不住事实的嘲弄；那些巨丽夸张的神明台、承露盘、迎仙馆之类的建筑，美则美矣，但无法证明它们能够"招致神物"的存在价值。而隋代开始建立到了唐代已经逐渐成熟起来的科举制度，使大部分出身民间的文人群体逐渐成为统治集团里稳定的组成部分，并掌握着至关重要的"话语权"，甚至皇帝也多师从名士大儒并具备了文人的学养，单纯的巨丽华美已不完全符合他们的文化理念和审美标准。这些因素都促使皇家园林尝试从更高的文化意义上来表现其固有的主题。

　　归纳起来看，新的尝试是从两方面入手。一个方面是以宗教的内容代替神话传说，同时把神话传说也上升为宗教；以寺庙建筑取代神楼仙馆，把人与神的交通从"此岸世界"推延到"彼岸世界"，从而避免"现世现报"的尴尬；对"君权神授"的解读，也从认定皇帝就是神，要住和神一样的宫殿，调整为神在冥冥之中对君权的监察和佑护。另一个方面是从审美上改变皇家园林过于追求巨丽威严的取向，增加自然景观和小尺度风景建筑的比重，让皇家园林兼有自然山水园的性质。中国皇家园林审美取向的转变，使它和文人园林在美的标准和情趣上都大大接近。到宋代的艮岳，可以说皇家园林也在很大程度上文人化了。至于皇家园林在转变的同时还要从更高的意义上表现其固有的主题和审美追求，则是到了清代康雍乾时期才最后实现的。这也是一个很长的演进过程。

一、变始东都

　　早期皇家园林集中在长安一带，强大的传统惯性使得新风格难以在长安产生。这也是唐长安的皇家园林步趋于汉风的原因之一。东汉之后数百年，洛阳成为新的京城和又一个皇家园林的荟萃之地。这里气候条件好，私家和寺庙的园林亦颇为盛行；皇家园林多始建于东汉，但规模气势远逊于长安而奢靡过之，渐与贵胄府第园林合流。故此洛阳皇家园林的秦汉色彩不是特别"地道"，因而有些新的艺术探索就从洛阳起始了。

洛阳的皇家园林以北魏的华林园（6 世纪初）和隋西苑（7 世纪初）最著名也最具代表性。

北魏华林园位于当时的洛阳城北，是在曹魏芳林园基址上营建的（图 1-5-1）。"华林园中有大海，即汉（魏）天渊池，池中犹有文帝九华台。高祖于台上造清凉殿。世宗在海内作蓬莱山，山上有仙人馆，上（疑应为下）有钓台殿，并作虹蜺阁，乘虚来往"（《洛阳伽蓝记》）。在天渊池周围还有景阳山、羲和岭等人工筑山，并建有用飞阁联通起来的楼观。很显然华林园的基本规划思路仍然是沿袭建章宫式的仙境格局，但似乎建筑更趋于"奇巧"而不求十分"巨丽"。

值得注意的是世宗将一位名叫茹皓的匠师升迁为"骠骑将军"，并让他"领华林诸作"。据《魏书》载："皓性微工巧，多所兴立。为山天渊池西，采掘北邙及南山佳石，徙竹汝、颍，罗莳其间，经构楼馆，列于上下。树草栽木，颇有野致，世宗心悦之"。茹皓从专家而不是方士的角度设计华林园，必然更充分地考虑人工楼馆和自然山水树石之间相互配合的构图关系，把"颇有野致"而非"象神"作

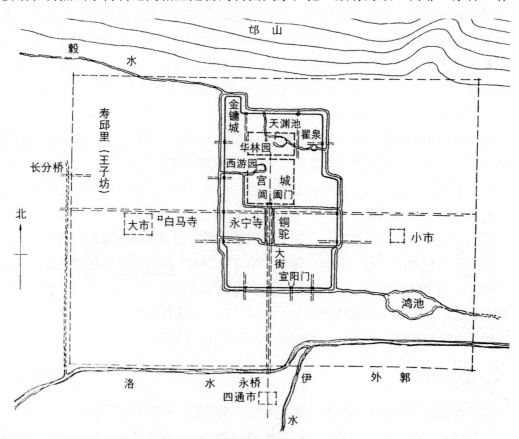

图 1-5-1　北魏洛阳城平面图（引自周维权《中国古典园林史》）

为更重要的审美追求。这是皇家园林开始向自然山水园转变的一个明显的迹象。

隋西苑在洛阳城西，周 229 里，占地数倍于洛阳城（注：按《元河南志》记比洛阳城大 10 倍），规模仅次于秦汉上林苑。隋初，文帝治国厉行节俭和改革，国库充盈。隋炀帝弑君父夺帝位，也继承了大量财富，使他得以大兴土木。西苑是隋炀帝最重视的工程之一，公元 605 年和洛阳的宫殿、城池同时兴建，均由鲜卑族裔的规划建筑大师宇文恺主持设计。

西苑造景以一个人工开凿的方 40 里的大池（差不多 1.5 倍于杭州西湖）——北海为核心，池中筑蓬莱、方丈、瀛洲，是典型一池三山的格局。但是它已经在多方面和早期皇家园林有了质的区别，同时它自身非常独特的设计更是后无来者，隋西苑因此在中国园林史上占有一个重要而特殊的地位。

西苑最令人叹为观止的是一个完全按人的意图设计并完全由人工开凿的规模庞大的水系。这个水系构成了西苑基本功能和景观的框架。水系从流经西苑的洛水和穀水引进，至北海等集中水面和一条往复迂回名为"龙鳞渠"的巨型水网，状如龙鳞的水渠以同样的方式绕经 16 座设计精美的园中园式的离宫（十六院），形成了中外古代建筑园林史上都极罕见的既有人为规律又自然流畅的曲线式的总体规划构图（图 1-5-2）。

龙鳞渠十六院和一池三山的核心景观共同构成了西苑完整的主体，而不像汉苑

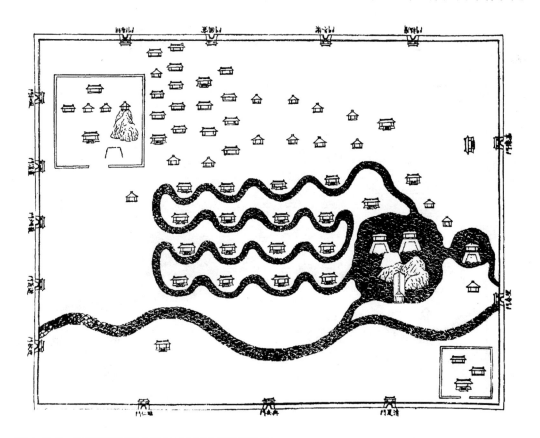

图 1-5-2　隋西苑平面图（引自《中国古代建筑史》）

的离宫那样分散，相互间没有必然的联系，一池三山的仙苑景观也只限在一个主要的离宫里面。这样绝无先例的格局固然出于宇文恺天才大胆的设计和当时高超的理水技术，也是因为文化和生活内容有了很大变化。西苑的仙岛神山已不再强调求仙通神的功用，但发展了艺术象征的意义。具体表现在北海周围还开有 5 个方 10 里的小湖，湖中各有山以象征五岳，与大湖神山合在一起就相当于模拟了一个囊括天上人间的宏大图景。16 座主要离宫更非为了"招致神物"，而是分别由隋炀帝的 16 位妃子各领 20 位美人常守，专为侍奉皇帝在园中享乐。虚幻的"迎仙馆"演变成了现实的"美人宫"，可以说西苑把东汉后期以来皇家园林的奢靡之风发挥到了极致。

西苑占地虽略逊于秦汉上林苑，但规划控制的范围和人工造景的规模和尺度绝对都是空前的；单体建筑的体量或许没有秦汉那样巨大，但华丽精美和丰富则过之，且远比后世的宫殿为大。这样的园林，不要说建造，就连维持也会非常困难，兼之工期短促，质量难有保障，随着君死国亡，西苑的辉煌也只是昙花一现而未能再现。到唐代西苑改名为"东都苑"，龙鳞渠及十六院全废，实际上降格为以经营农副生产为主的皇家庄园了（图 1-5-3）。

隋炀帝是历史上著名的挥霍无度又好大喜功的独夫，在位仅 14 年，建洛阳，造西苑，通运河，营江都等等，都是极浩大的工程（仅建洛阳每月就役夫 200 万），期间还对外兴兵攻打高丽。代价是国库虚空，连年大役，民不聊生，众叛亲离。

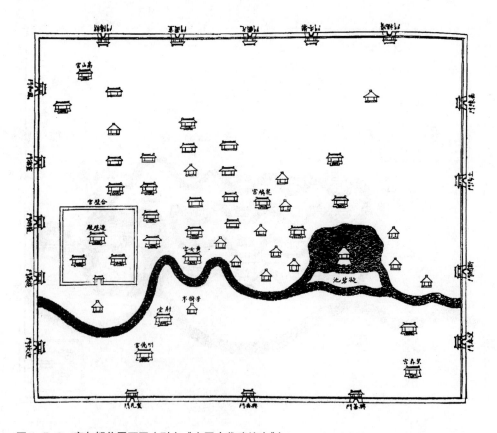

图 1-5-3　唐东都苑平面图（引自《中国古代建筑史》）

西苑除了有传统上皇权受命于天的象征之外，更凸显的是国君可以毫无节制地占有和享受，甚至把以繁衍皇嗣为基本目的的后宫当作享乐的主体搬到园林里。这一切即使从传统的礼教看也十分荒唐。因此，后世的皇帝无人再敢于尝试效法。尽管如此，隋西苑极富想象力、大手笔的规划构思及十六院园中园式的精妙设计等，在中国园林史上仍然具有非同寻常的意义，值得深入考证和研究。

隋之后，唐再度定都长安，皇家园林在格局上回归秦汉。但皇家园林的艺术风格向自然山水园的转变已不可逆转。洛阳在这个进程中开了风气之先，而宋代著名的皇家园林——寿山艮岳，则是一个具有里程碑意义的代表性作品。

北宋京城（东京）汴梁离洛阳（宋代称西京）不远，艮岳位于城里皇宫的东北，亦名"华阳宫"；它的周回仅 10 里，相当于过去苑囿中一个很小的离宫或隋西苑里一个小人工湖的面积（图 1-5-4）。由于紧邻皇宫，所以艮岳不需要很大的前宫，其整体就是一座园林，但却是一个具有全新概念的皇家园林。

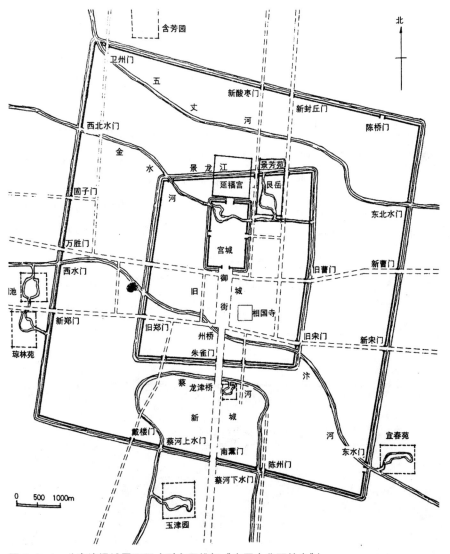

图 1-5-4　北宋汴梁城平面图（引自周维权《中国古典园林史》）

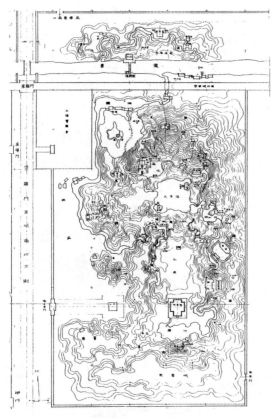

图 1-5-5　艮岳复原平面图（朱育帆复原绘制）

营建艮岳最初的理由是为初登基的宋徽宗求子嗣，据史载"有方士言：京城东北隅，地协堪舆，但形势稍下，倘少增高之，则皇嗣繁衍矣"。主张在这里造一座御园，在园中筑山以增高地势。此议刚好符合徽宗想要按山水画的意境造个园林的愿望。宋代重文尚艺，尤重绘画。徽宗本人就是颇有造诣的画家兼书法家，他的艮岳首先就是要造得如同一幅山水画卷。而中国山水画和山水诗文以及文人园林等都是魏晋之后发展起来的，其中浸透了文人的思想感情和审美观念。所以艮岳从一开始就注定和汉唐的宫苑乃至隋西苑有着完全不同的出发点。它既不寻求神仙宫阙的壮丽威严，也无意筑造一个寻欢作乐的香巢，而是要经营一件真正的艺术品。艮岳打破了"前宫后苑、一池三山"的金科玉律，按照自然和绘画的规律精心设计和组织山水的环境和细节，并根据山形水势随高就低地布置楼台馆舍、点缀亭轩、种植花木。后来汴梁遭金兵进犯，百姓涌入艮岳里"避虏"，其中有一位名叫祖秀的文人写了一篇《华阳宫记》，详尽地记述了他亲见的景物。他写道："时大雪新霁，丘壑林塘，杰若画本，凡天下之美，古今之胜在焉"。一语道出了艮岳的基本特点。

艮岳不求大而求精，它的布局结构和人工营造的园林空间空前复杂（图 1-5-5 ~ 图 1-5-8）。徽宗本人在《艮岳记》中写道："穿石出罅，冈连阜属。东西相望，

图 1-5-6　艮岳鸟瞰图（朱育帆复原绘制）

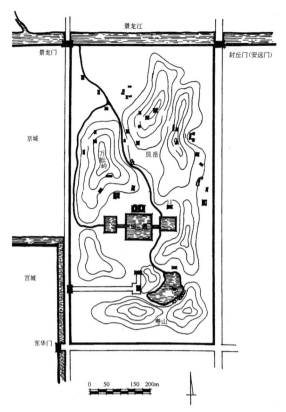

图 1-5-7 艮岳复原平面图（汪菊渊先生复原绘制）

前后相续。左山右水，沿溪而傍陇，连绵而弥满，吞山怀谷"。艮岳的山不是象征式或概念式的山，而是写实的山。不唯可望可观，更且可游。进得山中"若在重山大壑，深谷幽岩之底"。还有峡、涧、洞、瀑等各种造景，都是本着"无成执，无常形"的自然法则。

艮岳的水从园北的景龙江引入，主水面为"大方沼"，沼水西流再汇为二池。建筑错落有致地布置在山水之间，有高居山顶"下视群岭若掌上"的"巢云亭"和"介亭"，有在水中的"浮阳"、"云浪"二亭，有建在山腰的"倚翠楼"，也有在山脚下万梅丛中的"绿萼华堂"。艮岳的植物配置也很讲究，如"北岸万竹，苍翠蓊郁"，西部山坡"青松蔽密，号万松岭"，东部"高峰峙立，其下植梅万数，绿萼承跗，芬芳馥郁"，还有"药寮"植药草，"西庄"寓农桑等，既丰富多样又秩序井然。

艮岳最大的特点也是最大的成就是用石。从史料记述的情形看，那些像山水画一样的峡谷溪涧，洞豁崖峰，都应是山石堆叠或用"石包土法"营造而成，有些形状奇特的美石还被特置于轩榭庭径之中供人单独观赏。充分利用山石的自然形态来塑造山体坡岸等亦是艮岳胜过前人之处，"任其石之怪，不加斧凿，……山骨暴露，峰棱如削，飘然有云姿鹤态"（《华阳宫记》）。上文谈到人工构筑完整的大山不易，而艮岳以皇家的力量为后盾，有艺术家徽宗的创意指导，由造园巧匠朱勔操作，打造出了一组不仅完整宏大，更是十分生动丰富的群山，其难度可想而知，其成就也是后世难以超越的。

艮岳的具体形象在一定程度上可以参考北京北海的琼华岛。琼华岛始建于金（注：位于金中都东北的大宁宫，元代成为大内御园），格局和叠石据说以艮岳为蓝本，

图 1-5-8 宋徽宗赵佶绘《雪山归棹图》，可作艮岳造景立意的参考

岛南坡永安寺上方的山石有一部分即直接取自艮岳。琼华岛至今仍保留着洞壁岩岫等各种形态的叠石，其技艺水平依然令游观者叹为观止（图 1-5-9～图 1-5-13）。琼华岛不过是艮岳局部的仿品，而艮岳山石的主要匠师朱勔等并未参与，艺术质量要打些折扣，足见艮岳叠石之精美定然超乎一般的想象。艮岳用石无论质和量都是空前的，而且以采和运都很困难的太湖石为主，这便留下了"花石纲"的千古话柄。

太湖石

琼岛上堆叠着众多的太湖石，它们是宋徽宗赵佶政和七年（公元1117年）在汴梁城（今河南开封）内建造"艮岳"皇家禁苑时，从江南太湖地区采撷，用以点缀园林用的。金大定年间（公元1163年至公元1179年），金世宗在北海建大宁宫时，从汴梁"艮岳"将这些石头运到此地，点缀在琼岛各处。

Taihu Stone

Here and there on the Jade Islet you will see the Taihu stones. Extracted from Taihu area in the southern China, they were transported to the city Bianliang (today's Kaifeng in Henan Province) for the construction of the imperial gardens in 1117 (Zhenghe 7th year of the Northern Song Dynasty). During the years from 1163 to 1179 (Dading years in the Jin Dynasty) when Emperor Shizong decided to build Daning Palace (Palace of Grand Peace) in Beihai, he ordered to transport these stones from Bianliang to decorate the Jade Islet.

图 1-5-9　北海公园有关艮岳石的说明

图 1-5-10　永安寺上方山石可确认取自艮岳（雷晨摄）

图 1-5-11 乾隆题刻"嶽雲"　　图 1-5-12 琼华岛北麓的山石蹬道

　　爱石是唐宋文人始兴的雅癖，至痴者如米芾，见到好石竟要作揖下拜，口称"石丈"。徽宗爱石也入魔道，并为此滥用皇帝的权力在全国上下搜罗奇石异卉，即所谓花石纲。石之极品甚至被封侯赐爵，在御园中配享亭屋（图 1-5-14）。然而皇帝毕竟不能像文人那样潇洒，大文豪苏轼说过"南面之君，虽清远闲放如鹤者，犹不得好之，好之则亡其国"。他不幸言中了。宋代偃武修文，百年太平，官员百姓但见笙歌，不识干戈，民富而国弱；到徽宗更是贪图安逸，耽于所好，荒于朝政，奸小进而

图 1-5-13 长达 200 多米的石洞内景

图 1-5-14 宋徽宗绘祥龙石图

贤不举，强敌环伺而疏于防范，最后不仅国家破亡，也未能保全自己（注：1125年金兵进犯，徽宗罪己退位，1127年汴梁城破与继位的钦宗一同被俘）。这段历史在某种意义上是一个人类文明的悲剧。但若把北宋之亡过分归咎于建艮岳和花石纲，窃以为有失公允。

较之秦汉隋唐，宋代最不讲究皇家气派，立国后也没有兴建过大规模的皇家苑囿，京城内的御园甚至比私园大不了许多。规模最大的艮岳，尚不及隋西苑的百分之一，即便花费较大，也不至于太伤及国力；经营4年乃成（有说为6年），并无兴大役的记录。为私爱而集运花石无疑是玩物失政，但实际的危害说"扰民"比较客观，说"殃民"则还未必。

皇家园林发展到艮岳已历时一千多年。从建章宫的"宫室被服象神"，到华林园的"颇有野致"，再到艮岳的"杰若画本"，是一个不断发展成熟和完善的过程。艮岳的贡献首先在于使皇家园林彻底实现了向自然山水园风格（或曰文人化）的转变，在文化观念和审美取向上与文人园林大大接近了，为皇家园林再现辉煌奠定了基础。其次，艮岳使中国园林筑山叠石的传统完成了一次质的飞跃，把模拟复杂自然山水和表现画境的叠石技艺发挥到了极致。宋代的文人私园虽盛，但初始似乎少有叠石，《洛阳名园记》全无叠石记述即可反证；在表现园林的绘画中亦以置石为多见。北宋亡后，朱勔团队的叠石高手们辗转江南造园，使叠石在私园中也发展起来而且演化得更为多样和精致，成为中国园林的独门绝技。

宋徽宗在国难之际，没有君主的担当，最终误国害己，被指昏君并不冤枉。但同时人们承认他是一个出色的艺术家和文化的倡导者。艮岳在某种意义上和它的主人很相似。它是一个富有独创性的园林作品，在皇家园林的历史上堪称开始一个新时代的里程碑。然而艮岳在艺术上取得多方面成就的同时，对皇家园林的固有主题没有更深入的表现和开发，因而缺乏汉唐宫苑那种宏伟壮观的王者气势；在内容上则过分强调了徽宗作为文人画家的爱好及对道教的迷信。所以，怎样才能让文人园林的文化观念服务于皇家园林的文化目的，在艮岳还没有圆满地得到解决。

二、移天缩地在君怀

清是中国最后一个帝制朝代，史家多认为清帝康熙、雍正、乾隆执政的百余年间，是中国古代社会最后的"盛世"。这一时期也是皇家造园活动最后的高潮，而且卓有建树。

康、雍、乾三帝都有很高的汉文化素养，清代皇家园林延续了艮岳所确立的自然山水园的风格，但又不同于宋徽宗明显的文人气质和嗜好。比如乾隆，他也赞赏历史上达人隐士的品格，特将清漪园中的一景题名为"邵窝"，意即宋代隐士邵雍的"安乐窝"。但随后又写诗解题："因以邵窝名，境似志则殊"。表明自己作为君主既仰慕高士，又要在思想上"划清界限"的立场。这也说明，皇家园林不能简单接受文人山水园林的观念和手法，它必须从皇权政治的角度重新审视和归纳这些东西，使之服从于皇家园林根本的创作目的。

清代皇家园林集中在北京—承德一带，这一带是清皇室政治、礼仪、娱乐等活动的主要场所，其中除了广袤的皇家苑囿和多处行宫，还有皇陵和狩猎的围场。清中叶以前的皇帝，每年大部分时间是在苑囿行宫里度过的，一些重要的政治活动如召会蒙藏王公和宗教人士，接见外国使者等也多在这些地方进行。实际上清代皇家园林在很大程度上取代了皇宫，所以在园林的内涵中必然更注重政治理念的表达，而且也找到了富有创意的表达方式。

这个创意就是利用各种艺术手段，把中华大地上的美景佳辰或具体或象征地再现到皇家园林的园景中来，以表现"普天之下莫非王土，率土之滨莫非王臣"的政治理念。后来有御用的文人将其概括为"移天缩地在君怀"（王闿运《圆明园宫词》）。从最早的承德避暑山庄始有端倪，到北京西北郊三山五园，特别是圆明园和清漪园，清代皇家园林已经把这样的理念和手法发挥得淋漓尽致了。

圆明园是平地人工造园，可以完全依照人的意愿进行规划，所以圆明园将"移天缩地在君怀"做了最明晰和典型的演绎。圆明园被受邀参观过的欧洲人称为"万园之园"，即一个大园林里包含着无数小园林，也叫"景"或"景点"。后来中国园林学把这样的布局形式定义为"集锦（景）式"。而用"移天缩地在君怀"的规划思路组织这些小园林，就是圆明园造园艺术的基本特点（图1-5-15、图1-5-16）。

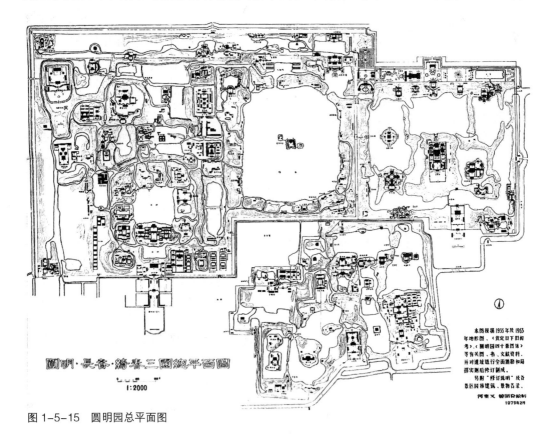

图 1-5-15 圆明园总平面图

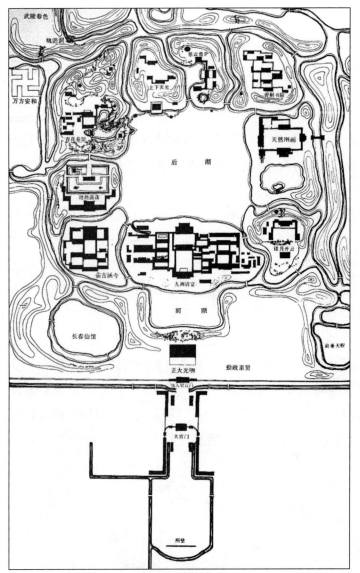

图 1-5-16　九州清晏景区平面图（何重义、曾昭奋绘）

从圆明园大宫门进园，为"九州清晏"景区，主体是一个近乎方形的大湖，环湖有九个岛，象征华夏九州，南部居中的大岛上有一组殿堂即名"九州清晏"，其余八岛各据一方，好像对中央朝拜，政治寓意十分明显（图 1-5-17、图 1-5-18）。乾隆则在此题句："九州清晏，皇心乃舒"，希望各方安定和谐。圆明园的序幕就这样拉开了。

"九州清晏"是全园的序幕，如八股文中的"破题"。接下来就用"集天下景"的手法来延续和展开主题。当时的宫廷画师绘有《圆明园四十景图》传世，实际上远不止此数（注：最后圆明园由三园组成，长春和绮春二园亦各有数十景）。圆明园的"景"很多是全国各地特别是江南名胜园林的写意式的再造，其中一些就直接采用了原来的景名，如"曲院风荷"、"平湖秋月"等；还有的"景"是借用前人诗画的意境或本于宗教神话，如"武陵春色"、"方壶胜境"等；直至引入西洋的楼台水法。目的都是营造"人间天上诸景备"的艺术效果来深入展现"九州清晏"开始的主题。全园整体的构思和手法的运用堪称宏大而连贯，而君主"胸怀天下"是通过园林艺术传达的最明确的文化信息。

清漪园是三山五园中唯一自始至终完全由乾隆一手操持的，以天然山水为基础，加以人工改造而成的园林。真山水的环境尺度大，所以清漪园采取了和圆明园完全不同的集中式的布局和构图，同时用更灵活更有意味的方式来演绎"移天缩地在君怀"的理念。

图 1-5-17　圆明园四十景图中的九州清晏

图 1-5-18　九州清晏遗址现状

　　清漪园是闻名世界的颐和园的前身。它的主体万寿山和昆明湖，是由原来天然的瓮山和瓮山泊改造而成的。万寿山阳坡中段从山脚到山脊有一条庙宇建筑组成的主轴线，在山腰轴线的中段筑起一座高大的方台，台上建有全园最高大的塔式建筑佛香阁，与山脊轴线上端的琉璃佛殿智慧海构成全园的重心和制高点。万寿山对面的昆明湖为一池三山的传统格局，但处理得顺势自然，全无程式化的感觉。依山而起、金碧辉煌的楼台殿阁和广大的水面相映生辉，构图严谨，气势宏大，宛若人间仙境（图1-5-19～图1-5-22）。给人的感觉是既有自然山水园的秀丽，又再现了汉唐皇家的雄风。这是清漪园规划设计要表达的第一层含义。

图1-5-19　颐和园追求人间仙境的效果，
建筑富丽堂皇——万寿山中轴线

图1-5-20　佛香阁

图1-5-21　智慧海

图1-5-22　画中游

　　清漪园设计构思的第二层含义是，效仿杭州西湖风景处理湖山关系。为此对瓮山泊进行了大规模扩改，并在湖中留了一条和西湖苏堤一样建有六座石桥的西堤，使得改造后万寿山和昆明湖的景观组合与西湖惟妙惟肖（图1-5-23～图1-5-25）。

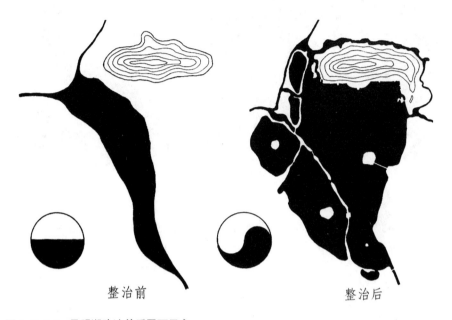

整治前　　　　　　　　　　　　　整治后

图1-5-23　昆明湖改造前后平面示意

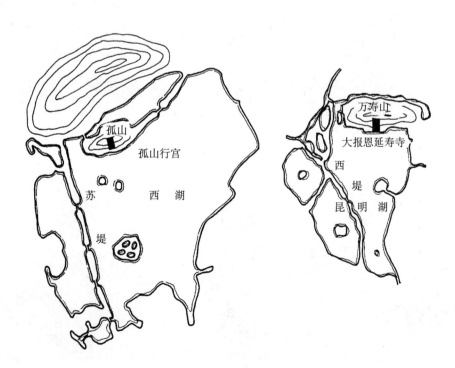

图1-5-24　西湖与昆明湖比较图（图引自《颐和园》）

图 1-5-25　从佛香阁俯瞰昆明湖

　　而这一切都做得自然而然，不露人工痕迹，完全称得上是宛自天开。借景玉泉山是天赐人作的神来之笔，它使得清漪园的湖山构图甚至比西湖还要紧凑和生动（图 1-5-26 ~ 图 1-5-29）。

图 1-5-26　颐和园借景玉泉山最具代表性的画面

图 1-5-27　玉泉山和十七孔桥

图 1-5-28　鱼藻轩中看玉泉山

图 1-5-29　耕织图织染局（水师学堂）院内借景玉泉山

　　昆明湖中的三岛依旧有象征世外仙山的意义，但岛上的建筑望蟾阁、治镜阁、凤凰墩又分别被赋予武昌黄鹤楼、南昌滕王阁、无锡黄埠墩的意境，加上西堤中间还建有取意岳阳楼而形式出于赵孟頫画作的景明楼（注：望蟾阁今为涵虚堂，治镜阁与凤凰墩已毁，景明楼上世纪末复建），更加丰富了人们对昆明湖水的联想，它可以是洞庭湖，可以是太湖，也可以是长江（图 1-5-30 ～图 1-5-33）。同时，还让人联想起与名楼有关的名人名篇，如王勃《滕王阁序》之"落霞与孤鹜齐飞，秋水共长天一色"；范仲淹《岳阳楼记》之"至若春和景明，上下天光，一碧万顷"等等。像这样有模仿，有象征，有写意地从各地名胜汲取素材，以达到园林的形、意、情并茂，是清漪园设计构思的又一层含义。

图 1-5-30　清漪园取意名楼的景观——元画《滕王阁图》

图 1-5-31　取意滕王阁的治镜阁老照片

图 1-5-32　西堤上的景明楼取意《岳阳楼记》之"春和景明"

图 1-5-33　后山清可轩之留云殿取意南京永济寺

　　在乾隆的御制诗文集里可以明确无误地找到他为清漪园造景策划取材的佐证。如："凤凰墩似黄埠墩，惠山园学秦家园"；"面水背山地，明湖仿浙西，琳琅三竺宇，花柳六桥堤"；"昔游金陵永济寺，爱彼临江之悬阁……万寿山阴绣屏张，我心写之命仿作"等等。同时他又强调并不一定效法原本的形式，而是要"略仿其意，不舍己之所长"。要表达的真意还是"胸怀天下"的皇家气概。

　　清代皇家园林的这种创作方法类似中国文学的"用典"。写诗作文用普通语言不易说清的意思，如果巧用一个恰当的典故就能表达得既准确又深刻，还兼带艺术性。园林则可以通过"用典"（即再现经典的风景景观）来丰富环境和场所的文化意义。清漪园里还有很多以各种方式取意或仿效著名园林名胜的例子，如佛香阁取意杭州六和塔，东岸畅观堂仿西湖蕉石鸣琴等。而园中之园惠山园（后更名为谐趣园）仿无锡寄畅园尤为形神兼似，精致亦不亚于南方的私园（图 1-5-34、图 1-5-35）。

图 1-5-34　惠山园（谐趣园）仿寄畅园神形兼备——谐趣园知鱼桥

图 1-5-35　寄畅园七星桥

　　此外，后山大庙为汉藏混合式（图 1-5-36、图 1-5-37），则是运用不同的建筑风格把神州边陲的象征也纳入了"君怀"之中。

图 1-5-36　汉藏混合式的后大庙（清漪园后山复原图局部）

图 1-5-37　八大部洲

　　清漪园后山买卖街模拟水乡苏州的市肆景观。这里的水岸直折，港汊纵横，临水鳞次栉比地排列着数百间商铺，用北式店面重塑了江南水镇秀丽妩媚的风情（图 1-5-38、图 1-5-39）。这段买卖街的出现，说明皇家园林把天下万物包括城市都看作宏观自然的组成部分，而不仅仅是山水树石。把宏观的自然概括起来再现到园林里，是皇家园林独具的、任何其他类型的中国园林无法比拟的特点和长项。

图 1-5-38　复建后的买卖街

图 1-5-39　《姑苏繁华图》中的商业街

　　清漪园的设计立意高远，纵贯古今；造景取材遍及天下，同时又能因地制宜；移天缩地，兼收并蓄，称得上是中国皇家园林的一本综合"教科书"。尤为难能可贵的是，清漪园的规模那样宏大，总体的格局却那样完整和洗练，每个个体和总体的关系都是那样的恰如其分。古代匠师在这里展现的掌控景观大势和局部细节的非凡能力足以令后辈高山仰止。建成后乾隆写诗赞道："何处燕山最畅情，无双风月属昆明"，欣喜溢于言表。

　　清漪园比圆明园幸运，虽然于 1860 年也遭到英法联军的焚毁，但慈禧随后决定拨款重建并更名为颐和园，基本上维持了原作的整体风貌。对于挪用海军军费建颐和园，史家非议颇多。然而此园现在却是中国历史上留下来的最完整的一座皇家园林，并毫无争议地被列为世界的文化遗产，多少可以看作是一点安慰吧。

三、唯有牡丹真国色

中国皇家园林是随着统一和集权的帝制国家的建立而产生并发展起来的。它一方面适应统治者神化君权的政治文化的需要，同时也反映了社会的发展和中华民族对更美好的理想世界的憧憬和追求。过去的认识常常无视后面一点，但我以为那才是皇家园林艺术的更重要的价值（合理性）之所在。

早期皇家园林的基本形式是在数百里之广的皇家禁苑中建造离宫别馆，禁苑里的山林池沼是离宫的背景和环境。处于重点地位的高台大榭既是自然中人工的体现，又是神仙宫阙的象征。从汉代的建章宫起，离宫里开始有了"后苑"，并以一个里面有三个岛屿的水池寓意神话中的东海和蓬莱、方丈、瀛洲三座仙山。此后的皇家园林基本上遵循着这个"前宫后苑，一池三山"的格局展开艺术创作。以汉唐长安为代表的早期皇家园林以"巨丽"为美，气势夸张，突出君权"受命于天"的政治理念。

魏晋时期，在一次思想解放的同时，中国古代的文化艺术体系开始建立，到唐宋达到了全面的成熟。以文人群体为主导的诗文、绘画、园林等深刻影响了中国传统的价值观念和审美取向，也决定了中国园林不同于其他园林体系的文化气质。中国园林逐步文人化的转变也促使宋艮岳以后的皇家园林接受了自然山水园的风格，并对这种风格做出了积极的贡献。

然而皇家园林仍旧有其自身的文化追求和规律，它的基本主题——"君权至上"，并不因为汲取了其他类型园林的表现手段和某些观念而发生根本的改变。清代皇家园林之所以取得了辉煌的成就，一方面因为它集历代造园艺术之大成，一方面就是因为它对皇家园林的基本主题作了更有深度的表现。清代皇家园林在"移天缩地在君怀"的艺术思想主导下，从宏观角度认识和再现自然，尽显王者的气概，令人油然而生"唯有牡丹真国色"的慨叹。所以，虽然唐宋之后文人园林在民间勃兴，并在很大程度上主导了中国园林艺术的文化价值取向，但皇家园林依然维持并发扬了传统特色和应有的气派。结果在中国形成了以主要在北方的皇家园林和主要在南方的文人园林并蒂双秀的局面。王者恢宏的气概和文人潇洒的风度共同把中国园林艺术推向了独步世界的高峰。

第六章　中国古代私家园林最后的故事

世间万物皆有盛衰，园林亦然。中国古代园林在其发展的 2000 多年的历史当中多次盛极而衰，几度改弦更张，竟然能够屡衰屡荣，已经是奇迹了。学者基本上一致认为，清代的康雍乾时期是中国古代园林史上的最后一个造园高潮，而到 19 世纪末慈禧修毕颐和园，则标志了中国古代园林历史的终结。事实上，西方古典园林大致也在这个时候终结了。不同的是，西方在古典园林终结的同时，已经随着社会的转型开始了现代园林的建设实践和理论创新。而中国由于复杂的历史、经济和文化的原因，现代园林的实践在很长一段时间几乎是空白，传统园林在后期也逐渐背离了初创时的理念，不仅形式上囿于套路而僵化，观念上亦少有创新且趋于末俗。对此学界大体上也有所认识，但好像缺少比较认真和深入的分析。可能这里面也有感情的因素，就像提起关老爷都喜欢说他过五关斩六将，不愿讲走麦城。但是中国古典园林既然确实衰落了，研究园林的学术就有责任把其衰落的过程和因果理清楚，从而找出有益于今天的经验和教训。

一、盛世乏新末世随

清代是中国最后一个王朝，其统治集团的核心虽为少数族裔，但采取了一系列缓和民族矛盾、恢复经济发展的政策措施，兼之灾乱之后民心思定，使清代前期出现了历时百年的盛世，即所谓"康乾盛世"。盛世之君亦极为重视文化建设，以康雍乾三帝为代表的最高统治者的汉学水平远胜历代的大多数君主，亦为史所罕见。时隔数百年，他们重铸了皇家园林的辉煌，也使中国的造园活动再度达到历史的高潮。在北方出现了避暑山庄及外庙、"三山五园"等里程碑式的皇家园林力作；在南方也是新园竞现，旧园重生，亦有网师园、环秀山庄等名园问世。如果说我们今天有幸还能一睹中国古代园林的真实风采，很大程度上要拜这百年盛世之所赐。

然而在盛世的另一面，却是中国古代社会日渐衰落，即将解体的前夜。当时（17 ~ 18 世纪）的欧洲国家经过工业和政治的革命，或已立宪，或已共和，开始建立起以议会民主制度为标志的现代文明社会，而且具有对外扩张殖民的强烈意识和行为。中国的统治者对世界的动向和必将出现的挑战几乎一无所知，还沉浸在类似贞观、开元那种举世独尊、万邦来朝的自我感觉之中。历史地看，应该说历来中国统治者的战略思维基本上都是对内的，对外主要考虑的也是周边且多属中华文化圈的邻国，因为要在中国这样的农业大国维系中央的集权就足以让统治集团殚精竭虑，无暇他顾了。清代统治者为少数族裔，对人口百倍于己的汉人显然更要时刻提防。满族从中国东北较为荒蛮的地区崛起，军事化的社会组织强悍但落后。入主中原之后，固有的文化意识和现实的政治危机意识在清政权的核心长期起着十分决定性的作用。尽管经过几代君主的励精图治，成功巩固了政权、体制并恢复了经济的繁荣，也很好地掌握了汉文化，但却选择了最为保守和封闭的政治、文化政策。

清初实行的文化政策主观上是要恩威并施，争取和笼络大部分汉族士人，打击那些对清廷不满和敌对的势力。办法首先是通过规定科举考试的内容和应试文体确立学术正统，让想通过科举博取社会地位的士人不去思考现实中的问题，把精力都投入到对孔、孟、程、朱的训诂考据和对八股文的研习之中；再就是借由皇帝亲自发起并领导的，几乎贯穿了"盛世"全程的"文字狱"和禁缴图书的办法来实现文化的专制。用这两手一方面把士人群体"去智化"，让他们变成范进、马二式的（注：均为《儒林外史》中人物）无害也无用之人；另一方面以兴"文字狱"来杀一儆百，让人不敢想、不敢写，更不敢做与朝廷和道统相悖的事。长期严厉的文化专制，在一定程度上达到了消除异见、控制舆论的现实目的。那些比较有思想的文人都噤若寒蝉，"避席畏闻文字狱，著书只为稻粱谋"（龚自珍），"难道天公，还箝恨口，不许长吁一两声！"（郑板桥），竟以"糊涂"为难得。但是这种专制对社会进步的长远危害，包括对本朝执政能力和应变能力的削弱，却加速了中国皇权社会彻底崩溃的进程。

清代文化的专制政策扼杀了明中叶之后方兴未艾的具有一定思想解放性质的种种"异端"潮流，使学术重归"正统"，应该说是社会的倒退。但是倒退并不意味着没有成就，相反清代有很长时期文化是很繁荣的，其中宫廷文化，典籍的甄鉴辨析和训诂考据，表现盛世歌舞升平、祈福吉祥的民间文化等尤为兴旺。康熙朝所修《康熙字典》、《古今图书集成》，乾隆朝所修《四库全书》均为中国古代文化的集大成之作，亦非皇家藉全国资源不可竟功。宫廷画在清代宫廷文化中最为丰富多彩，御用的画师用画笔记录了很多帝后影像、皇家庆典活动、园林、珍禽异兽等等，也创作了很多供皇室赏玩的绘画作品。画师中不仅有中国人，还有外国人。著名画作如：《康熙南巡图》、《乾隆皇帝岁朝图》、《圆明园四十景图》、意大利画家郎世宁所绘《百骏图》等（图1-6-1～图1-6-3）。

图1-6-1 清宫廷画——《康熙南巡图》（部分）

图 1-6-2 《静宜园图》

图 1-6-3 意大利传教士郎世宁绘《百骏图》(局部)

　　清宫廷画的文化艺术水平固然难以和两宋画院比肩，但有很高的历史和资料的价值。特别值得一提的是苏州籍宫廷画师徐扬绘制的一幅《盛世滋生图》(亦名《姑苏繁华图》)，表现当时苏州"商贾辐辏，百货骈阗"的市井风情，堪称继宋《清明上河图》之后又一鸿篇杰作（图 1-6-4、图 1-6-5）。当然，园林艺术尤其是皇家园林艺术亦属最为突出的繁荣项目之列（见本书第五章）。

图 1-6-4 清宫廷画师徐扬绘《姑苏繁华图》(《盛世滋生图》)之一

图 1-6-5 清宫廷画师徐扬绘《姑苏繁华图》(《盛世滋生图》)之二

然而清代和唐宋时期的文化繁荣明显有区别，其中最重要的区别是传统意义上的文人逐渐丧失了在文化创造中主导的地位。原因一方面是皇帝亲自督导的宫廷文化及其所带动的产业和事业处于绝对的强势；一方面是在相当程度上被"去智化"了的文人群体已经不再具有文化创新的能力。虽然在江浙一带还保留了一些文人传统（如扬州画派），但难以形成主流，更不具备涌现李杜欧苏那样大文豪的社会条件。大多数读书人不用说对"国事"和"天下事"全无真知灼见，就连文人的审美情趣也很少感悟。上文提及的"范进、马二"，都是乾隆时期著名小说《儒林外史》中的人物。小说有一段马二先生游西湖写得十分精彩。说马二先生为了"添文思"去游西湖，跑了一天，历尽十景，可无论是湖光山色、桃柳争艳，还是竹篱茅舍、金粉楼台，都唤不起他的丝毫美感，只觉"走也走不清，甚是可厌"，一路问行人："前面可还有好顽的去处？"直到最后见一书店里售卖自己编写的"八股选本"，才觉得欢喜了起来。惟妙惟肖、入木三分的描写，让一个迂腐僵化的灵魂跃然纸上，却是当时一心通过科举上进的读书人的典型写照。如此文化环境，哪里还能有唐宋那样慷慨激昂、潇洒睿智的文人群体？自然之美在读书人中已鲜有知音，文人园林的价值观和审美观的基础何在？

概括而言，既然史称"盛世"，至少做到了政治稳定和经济繁荣。但也毋庸讳言，清代盛世贯彻的是保守和禁锢人们思想的文化政策。这样的政策造成了士林"万马齐喑"和"精神退化"的状态。李泽厚先生以贵族公子纳兰性德的词"不知何事萦怀抱，睡也无聊，醉也无聊，梦也何曾到榭桥"为例，说："这反映的不正是处在一个表面繁荣平静，没有斗争但也没有激情，没有前景的时代和社会里的哀伤么？"士林的这种整体颓唐没落的状态，进一步损害了当时本已十分薄弱的文化创新的能力。

在这样的社会文化的背景下，皇家园林因中央皇权的强化得以重铸辉煌，而原来以文人园林为主体的私家园林却在悄然发生着改变。随着文人在社会里影响力的削弱，富商巨贾及后来的官商等逐渐取代了文人士绅成为多数规模较大的私园的主人，如扬州的私园主人就多是盐商和盐官。园主的非文人化直接导致园林艺术传统的目的和基本理念发生了动摇。乾隆之前这样的趋势尚不明显，乾隆中期以后，非皇家的园林各方面都出现了"去文人化"的征兆。遗憾的是这些变化里明显积极和进步的因素并不多，反而是传统文人园林最具价值的文化理念和审美观在变化中被放弃或名存实亡。意味深长的是魏晋以降中国古典园林随着"文人化"过程构建起来的具有鲜明特色的园林文化，在后来（尤其是清中叶以后）的"去文人化"的演变中由于逐渐丧失了"文魂"而停滞和衰落了。中国园林能否再次获得新的动力和新的生命呢？其最后的故事，也还是令人深思。

二、世纪绝响瘦西湖

中国古代社会长期实行重农抑商的政策。商人虽富，但社会地位低下，行事谨慎低调；发了财也多在家乡置田产、建宗祠，宁可做乡绅，很少对外招摇。明清之际，商品经济有较大发展，出现了扬州盐商（徽商）、山西钱商（晋商）等集中经商的地方集团。他们的财力雄厚，官府财政亦多所仰仗，其势已不甘于社会末流；而商人欲提高社会地位也要依靠权贵的支持和社会的认同。所以这个时期的商人逐渐改变了传统的低调而积极寻求表现的机会。刚好康乾二帝在位期间（前后共约百年）皆数度南巡，凡御驾所到之处，驻跸之所，都要花巨资整治修葺。这就让运河、苏杭一带的官、商有了共襄盛举的契机，其中以扬州瘦西湖的园林建设最为轰动一时。

扬州自古繁华，虽屡遭兵燹，仍不乏园林梵宇湖泽之胜；明清在扬州设两淮盐运使，致盐商聚集，富甲天下。所以，扬州为接驾不惜工本，实施了一项空前规模的"形象工程"。乾隆朝著名学者袁枚在为李斗著的《扬州画舫录》所作的序言中描述了亲眼所见的这项工程前后景观的变化："记四十年前，余游平山，从天宁门外，抠舟而行。长河如绳，阔不过二丈许，旁少亭台。不过长潴细流，草树端歇而已。自辛未天子南巡，官吏因商民子来之意，赋工属役，增荣饰观，孱而张之。水则洋洋然回渊九折矣，山则峨峨然隐约横斜矣；树则焚搓发等，桃梅铺纷矣；苑落则鳞罗布列，阒然阴闭而雪然阳开矣。猗欤休哉！其壮观异彩，顾陆所不能画，班扬所不能赋也"。曾亲历过盛典的文人沈复在《浮生六记》中也写道："平山堂离城约三四里，行其途有八九里，虽全是人工，而奇思妙想，点缀天然。……其妙处在十余家之园亭，合而为一，联络至山，气势俱贯"。不难想见，从扬州出城即入景，一路水映亭台，直抵平山堂下，最喜园林的乾隆经由其中，必是"龙颜大悦"（图1-6-6、图1-6-7）。此后数十年，这里平时就成为大众日游夜宴的胜

图1-6-6　瘦西湖全景示意图（引自汪菊渊《中国古代园林史》）

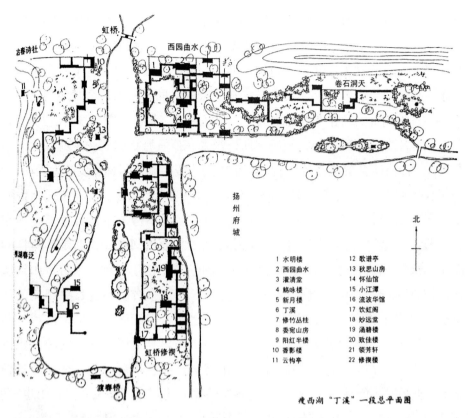

图 1-6-7　瘦西湖局部平面复原图（引自周维权《中国古典园林史》）

地。因其奢华,时人比之南宋的杭州。有诗曰:"也是销金一锅子,故应唤作瘦西湖"。瘦西湖从此得名。

　　中国古代早有由地方政府主持的"形象工程",最著名的是一些风景楼阁如岳阳楼、滕王阁等地标式建筑。而像扬州这样为了取悦皇帝,官商协办,统一规划,分项承包,并在短期内同时竣工的环境整治兼园林建设工程应该算是一个创举。具体做法虽有待更深入的考证,但以常理推测,环境水系整治和公共景观工程需要集资营建,集资大户可以分得地段,在规划指导下营建自己的私园。最后形成了包括水陆游览线、公众活动区、庙宇寺观和私家园林等内容丰富的风景园林区。其规划的特色在于所有景点围绕一个共同的环境,类似杭州西湖,但基本出自人工而非天然;景群密集,则又似皇家园林的手法。

　　深刻的变化是发生在那些私园。昔者文人营园,尝为韬光养晦,主人概以清流自诩;园林的空间多内向,力求淡雅,不尚奢华,尤忌媚俗。而瘦西湖沿岸的园林群专为迎候圣驾,意在邀宠,最关注的是要打造一个盛大的场面;工期既紧,园成之后主人甚至难得一往,更难得悉心经营,细节就难免粗疏;由于大家争相向皇帝经过的水路展示美丽,园林的空间注重外向,形式则难免夸张,甚或用所谓"挡子法"临时布景。沈复评曰:"大约宜以艳妆美人目之,不可作浣纱溪上观也"。对有些太过奇巧的建置,他以为是"思穷力竭之为,不甚可取"。沈复是目击盛典的人，有直接观感，所评也颇有见地。

然而，扬州这样着眼于城市整体景观建设的大手笔，自有其独特的多方面的成就和价值。首先，扬州以南巡盛典为主题，主要依靠盐商的财力，实施了如此大规模统一规划而且一次性完成的环境整治兼园林建设工程，使商界在国家核心政治活动中开始扮演举足轻重的角色；其次，瘦西湖园林风景区为中国园林开创了一个既不同于皇家园林，也不同于私家园林或自然风景区的集群组合形式；第三，虽然最初的目的是为了盛典，但因此扩充了环境容量，为其同时具有公共游览功能创造了条件；第四，空间外向、互相联络、气势俱贯的十数家园亭，已突破了传统私园的格局和文人园林避世隐居的概念，说明中国传统园林尚有艺术创新的潜力。据载，瘦西湖的私园平时也是可以参观的，如果中国的公共园林能够在此基础上得以某种程度的发展，那又何尝不是进步呢？

然而历史的事实令人扼腕，自乾隆以后，清帝终止南巡，盐商不振，瘦西湖随之也风光不再。"自画舫录成，又四十余年。书中楼台园馆，尚有存者。大约有僧守者，如小金山、桃花庵、法海寺、平山堂尚在；凡商家园丁管者多废，今止存尺五楼一家矣。盖各园虽修，费尚半存，而至道光间则官全裁之。……商之旧家或易姓，或贫……（园）丁即卖其木瓦，官商不能禁"（《扬州画舫录二跋》）。扬州瘦西湖借皇帝巡幸之机，成就了中国园林史上一个"剑走偏锋"的特例，前后大约维系了半个多世纪，为扬州赢得了"以园林胜"的美誉之后，悄然退出了历史的舞台并成为绝响。其中比较有意义的园林公益化等也都止步于萌芽状态。后人固然因此而惋惜，但如果放眼当时的世界，也许会有一些新的认识。

清乾隆朝是古代中国最后一个鼎盛时期，也是中国政治、经济、学术等开始全面落后于西方的转折点。仅就园林而论，主动将自然元素引入城市，并设计为服务于公众的公园、广场和绿地，是现代城市规划学和现代园林学的重要出发点之一。在17～18世纪欧洲的巴黎、伦敦等城市的规划理念中都已有所体现（图1-6-8）。这种把公众生活和福利视为城市设计基本内容的理念是多种因素和经验教训长期积累而

图1-6-8 18世纪英国城市巴斯的规划至今仍是范例（引自埃德蒙·N·培根《城市设计》）

建立起来的。其中最重要的社会背景是 14 世纪的大瘟疫和 15 世纪欧洲文艺复兴后市民阶级的勃兴和争取民权的斗争不断获得进展。而中国直到 19 世纪末，市民阶级赖以生存发展的城市经济，相对农村的自然经济（或称之为小农经济）仍然十分薄弱；在政治文化领域，缺少代表市民权益诉求的声音。扬州盐商不惜倾家荡产奉迎皇帝以图在政治上有所表现其实亦属无奈。皇帝不来了，官和商谁也不会为了公益在瘦西湖继续投入，瘦西湖最终废弃则是无可避免的结局。

三、精而失雅雪岩宅

乾隆之后 100 年，中国古代社会迅速衰朽直至崩溃。国家内忧外患相继，经济民生凋敝，徽商、晋商等比较大的地方商业集团也逐渐瓦解。19 世纪后期，由皇室贵族、朝廷要员中的洋务派发起了一场"洋务运动"，企图通过"学夷长技"以强国，挽狂澜于既倒，但最后仍归失败。对这场持续了几十年的运动，后来史家的评论反反复复，莫衷一是。本文所关注的是，洋务运动造就了一批"红顶商人"及其附庸买办等，即所谓"官商"集团。他们借搞"洋务"发了财，不少人建起了自家的私园。

清代前期有名的私园除瘦西湖外多在前朝旧园基础上修复或扩建改建，应该说在经济上是合理的，但创造性就受到一定限制。然而这不是实质的问题。实质的问题是清代私家园林的一些演变已经和文人园林的初衷和艺术追求渐行渐远。

瘦西湖"一路亭台直到山"意在邀宠便已弃守了道义的高点，但还算是有所创新，更普遍的是私园的生活和文化内容发生了蜕变。商宦园林最后让这种蜕变定格为彻底的庸俗。

相对同属东方但常常寓有释禅哲理，表象静穆而雅洁的日本园林（图 1-6-9），中国园林明显更倾向于生活化，其初衷是通过园林艺术表现一种理想的生活方式。

所谓"生活化"并不是或不完全是指一般日常的生活，而是通过园林艺术把"山居"、"田园"等与大自然有密切关系的生活提高到"道"和"美"的高度。中国古代文人用了一千多年的时间从不同的角度，用不同的形式做这篇"文章"，并引领着中国园林艺术的主流和方

图 1-6-9　哲理化的日本枯山水园林

向。其深层的意义还在于，文人园林对生活方式的选择和演绎所表达的价值取向，对社会是一种含蓄的批判和匡正，对热衷建功立名的孔孟之道是一种良性的修正和补充。然而生活化的园林艺术较之宗教哲理化的园林艺术相对而言随意性较大，所以更容易受到社会变迁的影响，园主及其生活内容的改变也会使园林的形式乃至理念因之改变，而且难以控制改变的方向和结果。文人园林从追求山居岩栖的求道生活开始，逐渐演化为简雅淡泊的审美生活和舒适安闲的隐逸生活，也曾寄托着游宦文人对山水田园生活的思恋，但最终无法避免世俗的侵蚀，生活内容逐渐变质，兼之自身消极的根本缺陷，随波逐流，便不知魂归何处了。

　　晚期私园与文人园林的初衷渐行渐远的重要原因是生活内容趋于享乐和"作秀"。以享乐为目的的园林其实自古有之，但一直不能成为园林艺术的主流。这主要是因为文人园林的生活理想和审美取向所具有的批判和匡正世风的意义，已使园林成为表现清流品格和高级趣味的艺术，浮华享乐和附势媚俗是受到鄙夷的。晚期的私园生活趋于享乐而趣味趋于庸俗，首先就失去了文人园林的理念和格调；但又做不到像魏晋隋唐时的贵胄那样奢侈炫耀得理直气壮，继而也就失去了推陈出新的动力。故此晚清园林即使较佳如怡园者，似乎也只是把苏州其他园林的内容汇集在了一起，唯少自身的特点。著名学者俞樾的曲园也许还算有些古法新意。曲园造园条件并不好，场地狭小且水位很低，但经营得体，尤其假山可谓寸石生情，颇得剩水残山的画意（图1-6-10）。然而毕竟规模太小，影响更不足以左右大势。

　　生活内容的蜕变使设计园林的理念也发生了变化，主要表现在园林中人工元素（特别是建筑）相对自然元素的比重不断增加，而且对人工元素（包括假山）的处理方式变得越来越堆砌和造作，"宛自天开"的原则常被忽视乃至背离；植物元素逐渐失去主体的地位，成为零星的点缀；辅助表达园林意境和特色的文化元素（如匾额对联等）的文化品质降低并流于表面形式。用较为抽象的概念来归纳，唐以前文人园林的美学特征可谓"朴拙"；唐宋宜称"简雅"；明和清前期则演进为"精雅"；清中期以后逐渐变得"精"而失"雅"，一些商宦的私园唯可以"精而俗"论，已不能以

图1-6-10　苏州曲园

"文人园林"称之了。清同治年间著名的"红顶商人"胡雪岩在杭州营建的一座园林式豪宅是一个典型的例子，很幸运的是，这座占地约 11 亩的豪宅在 2001 年完成了整体的修复，而且据说修复工程完全忠实于原构原貌。

胡雪岩出身贫寒，幼年放过牛，长大进钱庄做学徒，后来自己经营并从此发迹。由于为权倾一时的洋务派大臣左宗棠筹款买办得力，胡雪岩几乎垄断了江浙一带的主要商业和金融业，曾被授江西候补道（从二品），御赐黄马褂，成为中国最大的官商。胡经营有道，知人善任，附庸风雅。他的园林宅第亦如其人，凸显了一个成功人士对财富的占有，同时自信也可以像拥有财富和权势那样拥有文化（图 1-6-11、图 1-6-12）。

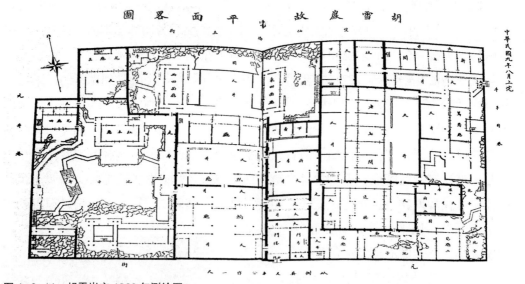

图 1-6-11　胡雪岩宅 1920 年测绘图

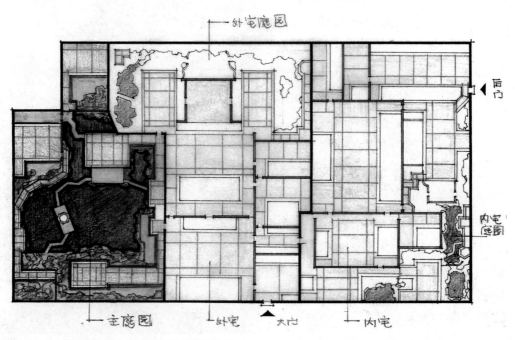

图 1-6-12　胡雪岩故居内外宅及园林分区示意图

　　从平面图看得很清楚，胡宅分为东、西两部分，东部为内宅，西部为外宅。两部分各有各的园林，主园林位于外宅西侧。这样的格局显然是为了适应在宅中经常交际应酬，内外有别的需要；主园林亦是为了向客人展示的，不直接通内宅。而传统的文人园林一般是自家的养性怡情之所，故园林多与内宅相连，位置每在宅后或宅侧（图1-6-13）。胡宅虽然在空间和建筑的处理手法上并没有打破院落天井等南式第宅园林的传统形制，但平面的变化已反映出商宦园林和文人园林的目的和功能有实质性的不同。

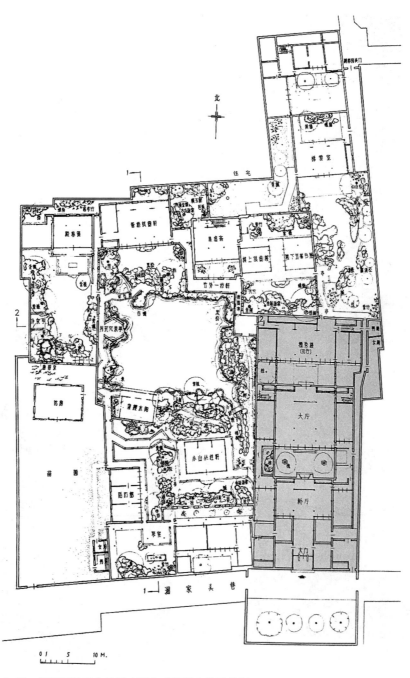

图1-6-13　网师园的园宅关系（引自《苏州古典园林》）

　　中国古代建筑有严格的等级规制，胡虽豪富，也不敢"僭越"，但是为了显示尊贵和富有，胡宅的建筑、园林选用了多种最名贵的材料和最精湛的工艺。据修复时查原构所用的木材有楠木、紫檀、红木、酸枝木、银杏木、南洋杉等；假山和置石均为太湖石中的上品，仅主园假山据说就费银十万两；砖木雕镂之精亦达到了当时的极致（图1-6-14～图1-6-17）。就建筑和园林的内容而言，此宅明显有将传统精华集成荟萃的意图，可谓应有尽有；完美的细节，使宅中的每一个角落都显得十分讲究，被誉为"江南第一豪宅"。

图1-6-14　胡雪岩宅建筑园林的雕镂之精——名贵的木材，华丽的木作

图1-6-15　精美的砖雕

图1-6-16　外宅庭园的极品太湖石

图1-6-17　精致而壅塞的内宅庭园

　　然而在如此精致的美宅之中，人们却很难感受到那些构成中国古典园林精神和灵魂的东西。如很难感受到"采菊东篱下，悠然见南山"那样的闲远和淡泊；"斯是陋室，惟吾德馨"那样的耿介和风骨；"炷些香，图些画，读些书"那样的文心和雅趣；更没有"墙圬而已不加白，木斲而已不加丹"那样的简约和质朴。在当作点睛之笔不惜工本重点打造的主园林里面，类似的失落就更加明显。

　　胡宅的主园林名为"芝园"，面积约占全宅的 1/4，在晚清城市宅园中已属于较大规模。然而很可能是在主人强烈的"夸富"、"作秀"意识的主导下，安排了过多的内容，特别是过多的各式建筑，甚至连主厅对面的假山上也盖满了房子，给人以过于堆砌和拥塞的观感；园中的植物被挤压在边角缝隙，已经无法体现城市山林的意境；假山的纵深很小，难以表现层次，山石虽好，却少有用武之地；细部的处理虽然精益求精，但过于雕凿造作，有失天然的雅趣（图 1-6-18～图 1-6-21）。

图 1-6-18　胡雪岩宅主园林——红木大厅面对的园林全景

图 1-6-19　各式建筑重叠在一起

图 1-6-20　植物被挤压在边角空隙　　　图 1-6-21　观景台上看的全是房子

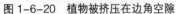

　　胡雪岩因商而致宦，与通过科举等途径因学致宦的人，在社会经验和价值观念等各方面无疑会有巨大差异。他在家里来往应酬的目的是要借助精美的建筑园林展示财富实力和朝廷对自己的宠信，以谋求在权益博局中的有利地位。作为商人，这无可厚非。本文要解读的是，对于中国园林的历史进程，以胡宅园林为代表的演变意味着什么。

　　中国园林特别是支撑其理论基础的文人园林，本质的目的是通过园林的生活，唤回人的自然本性，消除社会因素所导致的人的异化。这里所借的"异化"一词主要是指社会上的利欲争斗使人的心智产生的扭曲，即庄子所谓的"心为形役"。文人园林简朴、审美的生活理想和宛自天开的艺术标准，与这样的目的是一致的。晚期中国私家园林的衰落，与皇家园林主要因为政治经济原因而终结不尽相同，实是由于生活理想逐渐背离初衷，道义高点失守，且无概念上积极的突破所致。胡雪岩宅作为非常典型的实例，可以说为这个演变过程画上了一个句号。它用一个堪称精美绝伦的躯壳，置换了文人园林的灵魂。它热衷于霖沐皇恩，粉饰太平，以媚俗替傲骨，尽失批判与匡正世风的精神；它让园林这样一个生活和艺术理想的载体，退化为权钱博弈的道具，不仅无助于消除人的异化，反而异化了园林自身。

　　"沧浪之水浊兮，只可以'濯我足'了"。这是孙筱祥先生喜欢引用的比喻。

四、小结

　　20 世纪虽然发生了两次世界大战和数不清的局部战争以及冷战等等折腾人的事，但包括中国在内的世界却在这个世纪基本上步入了现代社会。现代科学技术和现代政治文化给人类带来了空前的富足和平等、自由，完全终结了古典文化存在的社会基础；但同时人类也因为过度发展而受到了种种困扰，所以现代社会越是发展反而越感觉回归自然是一个最美好的愿望和图景。而回归自然恰恰是中国传统文化艺术的重要主题，更是中国文人园林初创的基本宗旨。中国古代文人创造了如诗如画的园林来寄托他们的思想和感情，与中国皇家园林同为独步世界的东方园林体系的典型代表。

中国古代自秦以降2000年，尽管轮回罔替不断，但社会形态超级稳定，与同时存在着一个意识形态和价值观念超级稳定的文人群体有很大关系。这也是中国古典文化得以长期在一个基本框架内稳定演进的原因和条件。中国文人园林艺术从初创到成熟到完善，其动力就是来自文人的一种对天人之道的探索和对理想生活的追求。由于文人群体实际上主宰了中国古代社会的价值观和话语权，当然也就主导了中国园林文化的价值取向。然而文人园林的主体毕竟是私园，其文化内容和艺术风格能否维持，取决于文人的传统价值观念在社会上是否强势和园林主人对它理解和认同的程度。宋代文人园林达到鼎盛，皆因宋代是一个文人掌管的社会，文人既是园林的创作者又是园主人的缘故。宋代过后直到清末，中国古典文化的基本框架看起来依然稳定，实际上却在缓慢地有所变化，而园林则出现了局部如瘦西湖那样的新动向，最后官商巨贾悄然成为大多数私园的主人，文人园林的传统目的和艺术理念就维持不住了，中国的私园性质上已不再属于文人园林了。其后虽然也有过一些探索如中西结合等，但显然难成大器（图1-6-22）。

图1-6-22　中西合璧的园林（厦门鼓浪屿某旧宅）

中国古代私家园林到了晚期发生了一些和社会背景很有关系的变化。尽管变化伴随着古典艺术必然的衰微，但其中的成败得失仍然值得研究和讨论。这样的讨论会让人了解，中国园林艺术之所以好和之所以变的道理，要是想让它继续好并变得更好，应该坚守什么原则。

当然任何一种艺术形式都不可能长盛不衰，重要的是看它对于人类的文化积累有没有正面的价值（或可称为普世的价值），以及这些价值能否在新的意义上得以延续。中国古代文人园林无论是它的文化理念，它对人与自然关系的诠释，它的生活内容和审美取向，它消除异化和匡正世俗的批判精神，以及它清雅隽秀的艺术形象等，无疑都具有很高的普世价值和永恒的魅力。而在清代后期逐渐成为主流的商宦私园，却在本质上不具备容纳和延续这些品质的生活和思想的基础。反过来也可以说，文人园林的形式难以适应与它的传统目的和艺术逻辑背道而驰的功能，勉强为之，必至不伦不类。个人以为，这些普世价值的延续，应该是在以公益为目的的中国现代园林里。

第七章　走向公益——续一篇

本来第六章就可以结束了，但总觉得和现实没有"接上轨"是个缺陷，所以把前文的最后一句话作一点发挥，也算是补缀吧。此外还有个问题几十年来一直纠缠着我们，就是到底应该如何看待，如何理解，如何或者要不要传承中国传统的园林艺术和文化。由于中国近代历史的特殊性，这个问题已经不是简单的学术问题了，说起来也是千头万绪而说清楚不容易。社会上一会儿视之为"封资修"四旧，一会儿视之为国粹重宝；学界有人说要继承，有人说它与现代园林学（LA）根本就风马牛不相及。令人困惑的是一说继承就只想到亭台楼阁、假山奇石，要不然就基本上否定中国的园林传统对于现代园林学的积极意义。我想若从历史和更广阔的视角来审视与此有关的问题，会不会有更合情理的思路呢？

一、回顾百年分古今

现代园林学是从 17~18 世纪在西方开始酝酿，一般认为是 20 世纪初以纽约中央公园的出现为标志建立起"LA"学科的。现代园林相对古代园林最具实质性的变化就是园林的所有者从皇室贵胄和少数富人变成了主要是社会公众；以公园为重点和亮点的城市绿地系统已成为现代城市不可分割的组成部分；科学技术的进步既扩大了人类在自然中活动的领域，又强化了人对人与自然关系的理性认识。由此亦导致了园林文化的一系列积极的改变，特别是园林的目的从追求"私益"到追求"公益"的转变是最伟大的进步。

中国古代园林基本上止步于皇家和私家，在都市的规划中首先注重的是礼制和军事，而公共与公益的观念淡薄，几乎谈不上以此为目的的园林建设。个别如西湖、曲江等公众游览地亦多半得益于天然，有固然好，没有也无妨。所以中国尽管有深厚的园林艺术传统，公园和公共环境的概念却是很晚才从国外"舶来"的。19 世纪后期到 20 世纪初，外国人在中国陆续建了几个公园，如 1868 年上海由外国商会出资建造的主要为租界区服务的外滩公园；1908 年法国人在上海建的法式花园（第二次世界大战后名"复兴公园"）；19 世纪末俄国人在北满铁路扎兰屯站为他们自己的员工修建的"吊桥公园"等（图 1-7-1、图 1-7-2）。

图 1-7-1　始建于 1908 年的上海法式花园
（网络图片）

图 1-7-2　吊桥公园今貌

　　中国人自己开办较大规模的公园通常说是始自民国（或曰清末），最初是在几个主要的城市里把皇家园林、坛庙和城市附近的风景名胜改建为公园。北京是皇家园林荟萃之地，先后把社稷坛、天坛，北、中、南三海，颐和园、玉泉山等以各种方式改作公园或公共游览区（也有因管理缺位而任其荒芜的，如圆明园）。其中先农坛和社稷坛分别于 1912 年和 1914 年开放，是北京最早的公园。社稷坛初始改称中央公园，1928年定名为中山公园，由朱启钤等热心公共事业的出资人组成的董事会主持公园的经营与建设。初期的建设成果如唐花坞、水榭等都保存到了今天（图 1-7-3、图 1-7-4）。

　　中山公园的改造建设在今天看起来有成有败（最恶劣的败笔音乐堂是日伪时期所为，和在首尔王宫前建西洋楼的目的类似，并非国人主张），但其惨淡经营的目的是要给皇家坛苑植入一些公众游憩和玩赏的功能，同时探索某种可以延续传统艺术特色的出新途径。当时对园林艺术的理解还比较局限于传统的"造景"，常

图 1-7-3　保留并整修一新的北京中山公园早期建筑唐花坞　　图 1-7-4　水榭

常在一个园子里，有人用中式的亭廊造景，也有人用欧式的花坛喷泉造西洋景。而当时的政局和经济状况都很难有条件辟建可以完整创作的新公园，利用旧园添新景的确是最易行的办法。皇家园林改公园的历史意义主要还不在于园林自身改了之后作出怎样的文化艺术成就，而是园林公益化带来的观念的进步，也标志着中国现代园林开始起步并有了新的道义支撑。

1927 年民国定都南京，即开始学习西方制定了"首都计划"和"大上海都市计划"（图 1-7-5、图 1-7-6）。计划虽因本身的不成熟和后来爆发的抗日战争而基本上未能实现，但却是中国最早按当代城市规划理论正式制定的较为完整的城市规划。

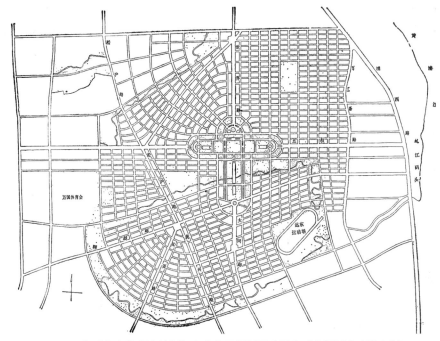

图 1-7-5　1929 年"大上海都市计划"市中心区规划图（引自《中国城市建设史》）

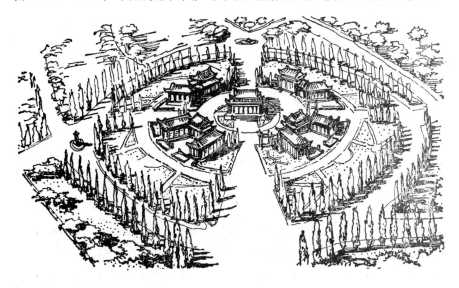

图 1-7-6　1929 年南京"首都计划"行政中心鸟瞰示意（引自《中国城市建设史》）

规划引入了新的城市功能分区、交通系统和绿化环境等概念。抗战前的南京已建有国内著称的法桐林荫路，有绿化面积达 60% 的高档居住区；靠山临江还利用古都名胜辟建了多处公园，其中玄武湖公园规模最大（近 500 公顷），明孝陵、中山陵以及周围风景区也对公众开放。作为现代城市，南京当然还不能和伦敦、纽约等世界都会等量齐观，但可以说是当时中国的首善之区。

日本的侵华战争再次阻断了中国社会发展的进程，直到抗日战争胜利后再经过内战成立了中华人民共和国才又重新启动。仅就园林而言，20 世纪 50 年代到 60 年代"文革"前也是一个非常重要的时期。首先是建国不久就学习苏联建立了新的园林教育和管理的体系。按照苏联的模式，园林被归入林业并成为林业学院的一个专业——城市及居住区绿化专业。中国从此开始有了以培养城市环境绿化工作者为目的的专门学科，并开始把园林看做城市整体环境的一个重要组成部分，因此也就把对园林公益化的理解扩大到了一个更广阔的领域。然而无论是苏联的模式，还是当时已经屡显"峥嵘"的极左意识形态，都无视乃至否认中国古典园林的传承价值，对此学术界一直有所抵制并尽力推动传统园林的研究工作。

50 年代最值得称道的成就是随着国民经济的恢复，各大城市开始以空前的规模规划建设公园和绿地系统。这个时期的建设资金很紧张，所以提倡因陋就简和因地制宜，但公园绿地为公众服务的公益目的是毋庸置疑的。以北京为例，50 年代开始建设或奠定了建设基础的较大规模的市级公园就有陶然亭公园、紫竹院公园、玉渊潭公园、北京植物园等。这些公园的共同之处是一开始都相当简陋，除了陶然亭有些重点建设外，紫竹院、玉渊潭和植物园连围墙也没有；公园最初的规划基本上只有山形、水体、基础绿化和主要道路的走向，几乎所有的景点和设施都是后来逐步完善起来的，总图规划也数度修订，最近的一轮修订已是 21 世纪初。回过头来看，这样形成的公园对民众的需求似乎有更强的适应性。上述公园如今都已经成为北京市民生活中不可或缺的组成部分了（图 1-7-7、图 1-7-8）。究其受欢迎原因，并不是有多么前卫的规划设计理念，而是规划建设始终没有背离公益的目的；同时，长期逐步完善的建园过程可能也更符合园林尤其是公园的发展规律。这样的情况，其他许多城市也都颇为类似。这个时期在学术上值得注意的是，对古典园林较为系统的研究也在园林和建筑院校开始了，几部古典园林的研究著作如《苏州古典园林》、《承德古建筑》、《颐和园》等都是在这个时期完成或大部分完成的。

60 年代中后期"极左"的思潮肆虐，园林业备受摧残，但广州、桂林、杭州等城市的公园建设却可以算是亮点。这些城市的园林从业人员凭着对外开放旅游贸易政策的保护和"文革"前一段时间短暂的宽松，潜心研究，精心设计，创造出一系列既有传统神韵，又有地方特点，形式清新隽秀的园林作品。到"文革"后期，逐渐形成了业内公认的新风格。广州、桂林一带的新园林，因此被誉为广式或新岭南派园林（图 1-7-9 ～图 1-7-11）。

图 1-7-7　20世纪50年代始建的北京公园—— 图 1-7-8　紫竹院公园
陶然亭公园（引自《北京》）

图 1-7-9　广州新岭南派园林——鹿鸣湖公园的山水亭廊

图 1-7-10　绿园茶室小景　　图 1-7-11　华南植物园没采用古典形式，但空间感受"很中国"的展廊

图1-7-12　桂林伏波山茶室（1988年摄），防波堤上后添的建筑把当年绿树葱茏的景境破坏了

"文革"结束后，新岭南派风格曾在全国盛行一时，甚至对建筑设计也产生过重大的影响。作为过来人，我现在仍然能够回忆起当年"革命串联"到两广，看到这些小巧精致的园林和园林建筑时的那种愉悦和感动。现在的年轻人可能无法想象，在那视一切文明为粪土的年月，人们内心的焦虑、无所适从和对真善美本能的渴望。而这些园林的存在，让人似乎依稀感觉到善和美毕竟是不可扼杀的。1966年的秋天我串联到桂林，看到伏波山麓刚竣工的一座茶楼，觉得非常美，还即兴填了一首词《小重山》：

山半新楼万绿丛。檐阔栏杆巧，夺天工。登临极目望苍穹。天欲晚，朵朵暮云红。

不复念京黉。久行身已倦，兴犹浓。漓江侧畔走从容。渔舟远，无语水流东。

这也是说明中国园林的文化意义在于恢复人的自然本性的一个事例吧（图1-7-12）。

"文革"结束后大约有十几年的时间是所谓"补课"或者"拨乱反正"的阶段。园林绿化的补课除了具体的事务之外，主要是恢复其在城市规划建设中本该占有的地位，同时也恢复了被中断多年的国际学术交流。著名科学家钱学森先生当时积极倡导的"山水城市"无疑是有识之士代表社会的呼声。他说城市要"有山有水、依山伴水、显山露水；要让城市有足够的森林绿地、足够的江河湖面、足够的自然生态；要让城市富有良好的自然环境、生活环境、宜居环境"。对外开放让更多的中国人开阔了眼界和思维，环境保护和生态平衡的概念已不再陌生。"良好的环境是人类宜居最必要的条件之一"终于成为社会的共识了。

公园的建设在全国范围重新开始，过去只在少数"开放"城市搞园林建设的畸形局面结束了。与此同时，社会也重新认识了传统文化的价值，而长期的锁国封闭却局限了人们审美的视野，所以对公园形式的期求便出现了某种程度上古典回归的趋势并受到质疑。我理解在宏观上这是文化价值观拨乱反正的一个正常的阶段，尽管存在着盲目仿古的流弊。园林在这个阶段也涌现了不少好作品，而且开始走出国门，让世界了解到原来东方园林的"根"是在中国（图1-7-13～图1-7-16）。有些遗憾的是，以新岭南派为代表的实践性较强、专业方向又比较明确的艺术探索却在市场化转型的过程中无声地消弭了。

回顾中国园林近一百多年坎坷的历程，令人不禁唏嘘。尽管如此，中国园林

图 1-7-13　杭州 1980 年代恢复西湖十景中的"曲院风荷"

图 1-7-14　上海用八年时间（1980~1988 年）建成的纯南式古典园林"大观园"

图 1-7-15　北京香山饭店庭园，在当时还属于新事物

图 1-7-16　慕尼黑"芳华园"开中国园林在国外获奖先河，却几乎是新岭南派园林的绝唱

毕竟完成了理论和实践全面的历史转折。首先，园林的主体被确认为公益的事业；其次，建立了现代园林学的学术体系和从业队伍；第三，园林的概念扩大到了整个城市甚至包括郊野的环境；第四，在学习欧美和苏联的当代园林学术的同时，不懈探索中国园林传统的传承和现代中国园林的特色道路。然而园林事业真正普遍的兴旺毕竟还是要以繁荣的经济为前提，中国大约是到 20 世纪 90 年代之后才逐步在宏观上具备了这样的条件。

二、发扬公益，期待经典

用"乱花渐欲迷人眼"这句白居易的诗来形容 1990 年代之后 20 年中国园林的发展状况可能十分贴切，现在就妄断得失还有些过早，而且一时也无法集中较为充分的信息和资料。但毕竟在这些年从事园林设计工作，所以当然会有一些个人的体验和思索。

这个时期中国的社会发生了重大转变，从计划经济转变为市场经济。与园林关系密切的房地产业也强势登上了国民经济的舞台。改革开放推动了中国经济的高速发展，GDP 总量很快就居于世界前列。基本建设的投资规模空前巨大，对园林绿化的投入虽无法准确统计，但肯定超过了以往百年的总和。具体的成果丰硕，除了城乡基础绿化和公园等传统项目之外，还兴建了大量的城市广场，还有无数与房地产开发有关的社区、别墅的景观绿地、高尔夫球场以及与旅游开发有关的景区、景点等等；在远离城市的山林江湖，划定了多处大范围的动植物和自然风景保护区，并将其中的部分区域建设成为可以供民众游览的国家公园；从 2000 年昆明世界园林博览会开始，十年之间又在全国各地城市举办了多次国际性的园博会或花博会；2008 年北京奥运会和 2010 年上海世博会使中国承办世界性盛会的势头达到了最高峰（图 1-7-17 ~ 图 1-7-24）。

图 1-7-17　城市绿化的质和量都有很大提高（北京东二环商务区绿地）

图 1-7-18 杭州积极建设山水城市，保住了半壁西湖

图 1-7-19 大规模的湿地公园（杭州西溪湿地）

图 1-7-20 设计手法前卫的广东中山岐江公园

图 1-7-21　云南丽江束河的度假新村

图 1-7-22　北京明城墙遗址公园

图 1-7-23　占地达 7 平方公里的北京奥林匹克森林公园（马日杰摄）

图 1-7-24　美不胜收的四川九寨沟国家公园

所有这一切无疑都给园林业带来了重大的发展机遇，园林绿化的业务量越来越多而且越来越大，与园林有关的企事业空前兴旺，技术和管理水平长足进步。与此同时，园林的文化也受到了近代以来最广泛的关注。总之从任何角度看几乎都是中国园林发展的又一个高潮期。

可是进一步观察也会发现，和历史上多次造园高潮是因为有园林文化上的突破并涌现一批堪称后世楷模的优秀作品不同的是，当代的高潮主要靠量的支撑。当然在任何时候量都是重要的，有时候量还是绝对的标准（比如绿化的量对于城市生态而言就是如此），但园林艺术却和任何艺术一样，更为看重的是"金字塔尖"而不是量。这就像"大跃进"时代上千万首群众"创作"的诗歌也抵不上一首流传百世的唐诗同样的道理。按说如此大规模的园林建设应该不仅涌现大量优秀的作品而且要有一定量的经典作品才对，但我实际的感觉是优秀的作品还不够多，谈得上经典的还说不好，表达的文化价值观却相当混乱。我常常怀疑自己的感觉是否因为主观和寡闻。这个时候我就会想，如果颐和园、苏州园林可以称为经典的话，当代园林无论文化创造的成就和在世界的影响，似乎都尚难与之相提并论。也许这样比较不一定恰当，但能代表中国新时代园林的文化价值并取得无愧于传统和世界的全面或独特成就的园林作品的确还未见横空出世。最可惜的是，一些成"热"成"风"的流行时尚和重金打造的大型项目，很多未能起到正面典范的作用。

什么是当代园林的文化价值呢？我认为最核心的理念还是公益第一。特别是政府用全民所有的地和纳税人的钱来营造公共园林及环境场所本身就是公益的事业。所谓公益就是从公共的利益出发，做对公众有益的事，简而言之就是"公而有益"。

我觉得妨碍当前中国园林取得更大成就的重要因素之一就是突出了"功利"而淡化了"公益"。近年有部分园林或城市景观的建设，虽以公益为名，实则追求的是功利——"功"而有"利"。1980年代以前，园林在大部分人眼里无足轻重甚至有封、资、修之嫌，自然无功利可言。可是当社会从"继续革命"转而以经济建设为中心的情况下，园林和城市景观就不再是单纯的公益事业，它对于官员又是权威形象，又是政绩，可以借此邀功；对于房地产商又是门面，又是商机，可以借此牟利。其实公益和功利若能两全其美亦无不妥，可是一旦两者有矛盾，被牺牲的必定是公益，结果把不该功利的事情也纳入了功利而且是"急功近利"的轨道。典型的例子就是曾经风靡全国的"广场热"以及"欧陆风"。

在我的印象中，当初有人建议在缺乏公共休憩空间的城市里搞一些三五千到万八千平方米的中小型广场以弥补不足，有点类似欧洲的市民广场（图1-7-25～图1-7-28）。这本是很好的建议，我至今不明白它怎么从分散的小广场变成了集中的大广场，再由大广场变成了行政中心广场直至风靡全国（图1-7-29～图1-7-32）。

图 1-7-25　布拉格古城的广场是比较典型的欧洲城市市民广场，大约 1 万平方米左右

图 1-7-26　欧洲小市镇的广场（黄汉民摄）

图 1-7-27　步行街广场的生活场景（沈建虹摄）

图 1-7-28　离家不远的小型绿化场地最符合民众的需要（北京北二环绿地）

图1-7-29 "广场热"实例——某北方城市中心广场（引自《中国当代城市设计精品集》）

图1-7-30 某南方城市中心广场（引自《中国当代城市设计精品集》）

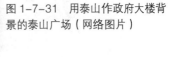

图1-7-31 用泰山作政府大楼背景的泰山广场（网络图片）

图1-7-32 一个富裕村委会楼前的广场，对面是阔气但规划刻板的住区

这些追求形式夸张和气派的广场完全不具备市民广场应有的那种自然的格局、亲切的尺度和温馨的气氛。尤其当党政委办的机关大厦雄踞在广场上位的时候，更会让下面的人自感渺小和不自在，且还不说在使用功能和效率上有多少缺陷。这种广场也不能算是中国的传统，类似的作风在欧洲曾经出现过，但早已被现代社会摒弃了。如果说最近的"广场热"有什么文化意义的话，那就是它再清楚不过地凸显了连我们自己的舆论也不断诟病的"官（权）本位"的价值观和无视生活内容的形式主义倾向；而全国上下为了建造这些广场花了无数的钱，拆了无数的房，也损害了一大批城市的风貌特色。尽管现在判断这一时期景观园林建设的得失为时尚早，但"广场热"总的来看是一个关乎全局的败笔。

当代"欧陆风"最早出现在游乐场等项目中，后来在房地产业流行最盛，景观园林中也时有所见。其实早在清末民初也刮过类似的"风"，对中国木构建筑的转型曾有一定的推动作用；而当代的"欧陆风"似乎纯粹是出于商业利益考量的一种对形式的选择。所谓"出于商业利益考量"在房地产业主要就是为迎合改革开放后一部分新富阶层（后来在互联网上被幽默为"土豪"）要享受他们心目中欧美生活方式的急切愿望而采取的商业策略。或许这适应了市场一时的需求，但却不能因此就无视"欧陆风"形式上的以假充真和文化思想的浅薄与庸俗（图1-7-33 ～图1-7-35）。对这一段景观园林多少有些无序发展的时期，"欧陆风"真正的负面作用是助长了不顾环境条件随意搬套和拼凑世界上各种景观模式（包括中式复古）的现象，进一步压缩了因地制宜和个性创意的空间，降低了园林的文化格调和艺术质量。

图 1-7-33 "欧陆风"实例——某住区欧式景观的拙劣仿品

图 1-7-34　这样的居住区景观给人们的行走和儿童的玩耍都带来不便

图 1-7-35　"欧陆风"和"广场热"结合起来差不多就是这个样子

　　"广场热"和"欧陆风"还使得园林设计唯"权"与"钱"之马首是瞻的状况愈加明显并且习惯化了。严格讲这类广场和景观也无须怎么设计,"吃透"领导和老板的"精神"(有人说须符合"权力审美"的标准)才是关键,最终的决策往往仅凭一张电脑表现图。在专业设计人员越来越工具化的情况下,一些重要的原则和职业的精神,包括公益的原则等都很少有人再坚持主张了。由于有所执着和富于独创性的设计师和设计方案常常被弃之不用,出现优秀作品的概率无疑就小了很多。计成老前辈在《园冶》里开宗明义第一句话就是"世之兴造,专主鸠匠,独不闻三分匠,七分主人乎?非主人也,能主之人也"。这还指的是一般工程。而

"第园筑之主人，犹须什九，而用匠什一，何也？园林巧于因借，精在体宜，愈非匠作可为，亦非主人所能自主者"。要想造出好园林"须求得人"，主人凡事都想自己拿主意，其结果就难免事倍功半了。

古时候相对比较简单的是，园林的审美和文化的价值观基本上是一元化的，不像当代这样众说纷纭。所以今天选择"能主之人"要考虑更多的因素。然而共同的价值观还是有的，或者说在多元的标准中可以求得一个最大的"公约数"，这个"公约数"依然是公益。公益性应该是当代园林最基本的品质，而且是比任何个人意志更为重要的客观标准。

就园林尤其是公园的公益性而言，它应该是为公众提供舒适、便利、安全、健康、具有审美价值的（主要在室外的）活动场所，一个能够缓解社会生活压力的地方；它应该有利于改善城市环保、卫生和生态的状况；它应该是延续城市的历史文脉和文化艺术传统，普及知识和文明教养的基地；它还应该是灾害时候为人们避难预留的空地等等。当然作为园林它还要集中而典型地反映当代人类对人与自然关系的认识和理解。有意味的是，这一切既可以借鉴中国园林回归自然、净化人性的传统，也是现代公共园林公认最重要的理念。西方学者和设计师对此的部分表述是："这是我们行走、生活、工作和玩耍的地方"；"良好的人性化的当代公共园林环境对促进和保持社会和谐具有非常正面的甚至是不可替代的积极作用"；"当代的公共庭园通常是我们对和平、安全和美丽的几乎下意识的反映"；"园林所表达的是我们的文化如何与自然打交道"等等（转引自安晓露译《未来庭园》）。

20 世纪我们在十分困难的条件下随着社会的变革实现了园林的公益化。现在国家的经济等各方面的条件都大为好转，可是"公益"却在某种程度上被异化和淡化了。我相信这是一个短期的现象（有些问题似乎已经在纠正和改善），但需要反思并重新树立起以公益为基本取向的现代园林价值观。

如果把公益而不是彰显政绩或谋取商业利益作为园林和环境建设的主要目的，使城市环境真正成为适合公众"行走、生活、工作和玩耍的地方"，我们的园林和城市景观无须刻意"打造"就会自然而然地逐步符合现代社会的标准，当然也不会有人再热衷那些华而不实、劳民伤财的"形象工程"了。追求公益将使园林更加人性化，更加融入民众的生活，更加节约有效地利用场地，更加注重环境保护和生态质量，并且以更有群众基础的方式包容传统习俗和多元文化，形式也会更加多样（图 1-7-36 ~图 1-7-40）。

除了大众的公园和环境场所，一些文化、旅游、商业乃至行政办公的专属绿地、庭园等都可以同时具有公益的价值。当然"公益"也并不是现代园林追求的唯一目的。在西方普遍还有一些"小众"的乃至私人的庭园（中国也开始越来越多），它们虽然并不以公益为直接的目的，但是与城市的公共绿化形成良好的互补关系（图 1-7-41、图 1-7-42）。

图 1-7-36 德国柏林一个新建住区朴实无华的庭院，它首先满足人在这里生活便利的需求

图 1-7-37 韩国首尔把世界杯主赛场附近脏乱不堪的垃圾山整治为一个视野高敞的公园

图 1-7-38 把传统式的游廊大幅加宽，它就更适合公众的游览休憩

图 1-7-39 深圳青青世界入口用废易拉罐制作的雕塑,为的是帮助人们提高环保的意识

图 1-7-40 德国杜伊斯堡以前钢厂设备为主体的公园,不仅延续了城市的记忆,还可以节约改建资金

图 1-7-41 私人庭园是西方城市绿化的重要组成部分——私宅花园亦是道路景观(美国)

图 1-7-42 主要由私人庭园构成的城市绿化环境(澳大利亚)

和一般的园林相比，这部分庭园还经常是精雕细琢或匠心独具的，我们每每引以为例的园林精品和新奇的创意，很多都是出自其中（图1-7-43～图1-7-47），所以它们能在很大程度上引领园林艺术的审美取向。

此前从中国的小众社会刮起的"欧陆风"正是由于多年被各种噩梦不断折腾，素有园林传统的中国精英群体似乎失去了对什么才是好园林的感觉和判断的能力才流行起来的。所幸这股风渐渐没那么强烈了，随着眼界和修养的提高，一些小众的场所开始有了"返璞归真"的迹象。如杭州灵隐寺西侧有一个中外合营、由

图1-7-43 既有传统地方特色又极富现代创新的苏州博物馆庭园

图1-7-44 康涅狄格庭园（美国）是西方 图1-7-45 美国一个具有墨西哥民族风情的私人庭园（引自现代与古典的完美结合（引自《未来庭园》）《未来庭园》）

图 1-7-46　赖特（美）设计的"跌水别墅"综合了东西方的文化理念和现代技术，是 20 世纪建筑与自然完美结合的标志性创意（引自《The Garden Book》）

图 1-7-47　英国詹克斯夫妇设计的庭园是其后现代理论的实践（引自《西方现代景观设计的理论与实践》）

旧村落改建的高档度假村——法云古村，那里既保留了村落原有的格局和自然环境，建筑风格也维持了乡土的特色（图 1-7-48 ～图 1-7-50）。

　　其实这种融合而非排斥传统因素的做法，比欧陆风等流行时尚更能体现出现代的理念和审美观，无论在文化的取向上还是在保护环境生态的意识上，对社会来说都有正面的价值。当公共园林绿化和其他各类园林形成了相辅相成、共同构筑和维护城市乃至郊野的环境和风貌的时候，中国现代园林的经典自然而然就会出现了。

　　我想这样的园林应该既不完全是中国传统的，也不是模仿别人的。因为中国传统园林容纳不下太多公益的功能，而别人的东西又常常不太符合我们的生活与审美的习惯；但同时又应该借鉴传统和别人的东西，因为历史是延续的，任何时代也不能孤立于自己的历史之外，而别人的东西既可以学习，也可以参照。于是回到一开始提出的问题：到底应该如何看待，如何理解，如何或者要不要传承中国传统的园林艺术和文化。这不仅是个形式的问题，甚至形式问题并不像很多人以为的那么重要和关键。重要和关键的是如何理解自己的传统，同时把别人的好东西消化成为自己的。

　　在与自然的关系史上，人类(特别是近代)曾经很傲慢。经过了诸多教训和思考，善待自然，与自然和谐共生，已是今天人类与自然关系的主旋律。表现这个主旋

图 1-7-48　法云古村——芳草古木、溪水潺潺的环境

图 1-7-49　法云古村的客舍

图 1-7-50　法云古村的茶舍

图 1-7-51　重新唤起人们对自然的感情——绿色新人　　图 1-7-52　画意诗情

律应该是当代园林创作的基本理念，而中国古人以恢复人的自然本性为园林的基本目的，无疑是中华民族对世界园林文化作出的非常值得自豪的贡献。

我们的文化曾经对自然敬畏和感恩，曾经和自然同声相应、同气相求，曾经视自然为良师益友，曾经在自然中体验人生、寄托情怀。但是这一切后来似乎都被社会的主流文化淡忘和遗弃了。我以为今天之以史为鉴就是要重新唤起人们热爱自然，珍惜并善待自然的感情（图 1-7-51、图 1-7-52），匡正过度追求功利和浮华的世风，这也应该是中国现代园林建设的基本目的和最大的公益。我们需要站在自己前人的肩膀上，才可能创造更优秀的"新"而且"中"的园林并和世界的"高端"对话。

当代无疑是一个越来越多元化的世界，古代各个民族和宗教的文明，现在已经基本没有相对独立发展的条件了。凡是这个世界上拥有的人类文化，都可以为全人类所共享。2008 年北京奥运会的口号"同一个世界，同一个梦想"反映的就是这样的现实。所以现代的景观园林刮什么风也不奇怪，也是多元化世界的应有之义，唯独希望我们打造的多元化世界是高层次的。它要的不是各式异类景观的拼凑与堆砌，而是要体现不同之间的和谐，当代与传统的对话，博大与包容的文化与自然的精神。

营造这样的城乡环境虽然是理想，但并非空想，只是它需要我们具备多一点从更广阔的世界文化里汲取灵智和创造新的美好事物的能力。如果让思维宏观一点，我们所期待的经典并不局限于个体的园林，更期待的是经典的城市，比如像钱学森先生所向往那样的山水城市。这方面欧洲给人的感觉更为成熟和健全，用画家陈丹青先生的话说，欧洲人比我们更懂得"什么要，怎样要；什么不要，怎样不要"（图 1-7-53～图 1-7-55）。尤为值得我们学习的是他们对历史传统非功利主义的尊重和贯彻执行城市综合规划的能力与坚持。他们可以用几百年建造一座教堂，也可以用同样的坚毅经营一个完备的城市系统。所以有些事情尽管大家都很期待，但不可过于急功近利，那是"魔道"。

图 1-7-53　欧洲经典举例——奥地利萨尔斯堡

图 1-7-54　捷克古镇——克鲁姆洛夫

图 1-7-55　荷兰水景新住区

　　应该说写作本文的主要目的还是"论古"，最后之所以"及今"，是想让古今有所对照并突出一个"鉴"字，也想打破一下多年来论古者不及今的惯例，但毕竟不是主题，只能点到为止了。

第二部分 工欲求当——设计选例

引言 恰当是设计的"无我之境"

幼年我的心目中，设计师（建筑师）是一个神圣而有趣的职业。后来如愿进入大学，毕业之后却没有如愿做自己想做的设计，再后来专修园林的时候已是人到中年。回顾起来颇有感叹："世道屡更迁，误了青山。不思广厦伴林泉"。虽然现实一再以社会的"常道"纠正年轻人的激情和梦想，但我对设计的兴趣还是一直保持着；而研习一点历史理论，似乎让我更认清了时代以及个人的"坐标"和局限。

具体设计做多了，职业的神圣感会逐渐淡去，倒是明白了两件事：第一，其实设计师所能解决的问题很有限，所做的也不尽取决于自己的意愿；第二，但是并非完全无可作为和无可追求。比如在中国无论做建筑还是园林的设计，最为简单明了的专业目标就是实现梁思成先生早就倡导的"中而新"的理念，我深信这个看起来简单实为不易的目标值得中国设计师为之不懈努力。

初做园林和其中建筑的设计，也和大多数年轻人一样有强烈的求新愿望（图 2-0-1）。后来连续做了几个传统形式的项目，觉得中国古建筑在园林里确实有一种独特的魅力；倘若能够在运用中求变化，也并非不能给人面貌一新或匠心独具的观感。后来又在国外设计了几个"地道"的中国式园林，得到高度认同（图 2-0-2 ～图 2-0-4），更觉得过去简单地以为只有所谓"原创"或现代风格才是"新"的概念或许不够全面。

图 2-0-1 北京双秀公园三柱六角亭

双秀公园建于 1983 年，是北京城市绿化新高潮的先声，也是"文革"后最早建设的新公园之一。在封、资、修大棒下禁锢多年的设计师们很有激情地探索着，但最初多局限于个体形式风格的变化，少有概念上的突破。

图 2-0-2 元大都遗址公园中"燕京八景"之一的"蓟门烟树"

建于 1984 年,原名"蓟门文化社",是根据"蓟门烟树"一带"旧有楼馆"的历史记载演绎而设计的一处景点。乾隆的御碑是这个景点的构图中心,不同于一般古建格局。

图 2-0-3 北京紫竹院公园"友贤山馆"

1985 年建于北京紫竹院公园新扩建的"筠石园"中。筠石园号称华北第一竹园,所以选择了竹子故乡南方的建筑风格,当时在北京也属新颖。

图 2-0-4 日本"天华园"效果图（作者手绘）
位于日本北海道的旅游胜地登别市，1992 年建成。

　　设计的实践使自己对园林的艺术和理论有了更深一层的领会。我发现中国园林设计最需要处理好的是自然元素和人工元素的关系，所以"出新"常常是出于这些元素之间关系格局的变化。影响格局变化的因素有园林的功能和主题不同，设计的风格手法不同等等，而尤为关键的因素是场地各有不同的特色。因此我以为园林设计的成败在最大程度上取决于场地规划是否体现出了场地及其环境固有的特征和美，并在此基础上是否做到了对园林主题的准确表达和演绎；而具体元素特别是人工元素的设计则应该符合整体格局的需要和形式的逻辑。当然，如果机缘好，我还是希望有更少约束和更具现代感的创新；即便采用传统的形式，也希望创作出能够在生活内容和文化内容上兼容古今的园林作品（图 2-0-5、图 2-0-6）。

　　最终我选择遵循的设计理念是"恰当比新奇更重要"。当然对什么是"恰当的"可能有很多不同的看法和解释，对一个具体的项目也不存在唯一的"恰当"，我只是以为追求恰当的理念比追求别的东西更接近设计的"无我之境"。在艺术创作中，"有我"、"无我"乃至"唯我"是不同的取向，并没有是非高下之别。也许过于强调恰当会担心流于平庸，然而在大视野、大综合的现代，"恰当"在大多数情况下是比较容易被认同的"公约数"。所以任何设计在创意之初首先找到这个公约数都是重要的，是否平庸要看设计本身。

　　晚清学者刘熙载论诗文"不惟其难惟其是"（《艺概》）。"是"就是恰当的意思。

　　我也赞成大多数设计师的看法，设计学归根到底还是实践的技能，其内容和理念都要靠最后的成果而不是语言文字来表达；而且每一个设计师在每一个项目中都可以用自己的方式解决一些项目本身的特殊问题和创造某种与众不同的形式。

图 2-0-5　广州琶洲体育公园中标设计方案

这是一个不含任何传统符号的设计。它用一弯饱含张力的弓形跑道和一条笔直的如同蓄势待发的箭一样的主路形成公园的基本架构，着力表现力量更强和速度更快的体育精神来突出主题。它的现代感和与场地的关系都是自然而然的。可惜限于条件我们未能亲手做施工图的设计，而且据说项目后来也仅只完成了一部分基础绿化和很少的设施就告竣了。

图 2-0-6　紫竹院问月楼（原水榭重建）

原水榭因使用多年，结构抗震存隐患等而决定重建。新设计保持了原设计的基本布局和"新中式"风格，但更突出形式的个性并使用了一些更具现代感的材料（如玻璃护栏和伞亭等）。

以下从我主持及主创设计的园林营建项目中选了四个加以"图说"。理由是我以为它们对各自不同需要解决的问题处理得还算恰当。此外它们也反映了我对传承和发展中国园林文化及园林审美的一部分认识和探索。

设计实例说明

实例（A）北京植物园盆景园（彩页图 2-1-1 ~ 图 2-1-22）

盆景园是北京植物园总体规划里的一个重要项目。1988 年开始方案设计后暂停，1993 年重启，1995 年建成。当时在北方是规模较大的集中展示盆景的场所。北京植物园属于香山风景区，内有卧佛寺、樱桃沟等名胜古迹，但园区主体为1950 年代后建设的新公园，所以盆景园建筑拟采用"新中式"风格。

盆景园由室内外盆景展区和一系列庭园构成。总平面设计充分注意并利用了场地低于相邻主路 1 ~ 3 米的特点，把主庭园置于与道路高差最大的北部，建筑主立面随之朝北；在道路和庭园之间留出宽约 25 米的"园外园"，由于有高差，从"园外园"可以凭栏俯瞰最美的园景。盆景园基本的设计手法是让自然元素和建筑互相穿插围绕，形成不同的庭院空间。建筑与庭园同步设计才能使人工元素和自然元素"你中有我，我中有你"，这也是中国传统园林最基本的设计方法。盆景园通过建筑布局在场地上划分出五六个庭园，它们的空间形式各自不同，但目的都是要让建筑和自然的关系更加和谐。

盆景园纯绿地的面积占全园用地的 70% 以上，场地原有树木不多，设计师可以比较自由地配置。为了突出盆景园特点，决定尝试以"地栽桩景"为绿化的重点，并由项目的甲乙丙三方组成了绿化配置小组赴各地考察和选择适宜地栽的桩景材料。盆景园中有银杏、五针松、榔榆、柽柳等十多种树桩，大部分是考察中搜集的（参见孙洁《北京植物园盆景园植物造景特色谈》）。

由于建筑风格是"新中式"，可以不受传统做法的约束，所以盆景园的建筑装饰和园林小品都没有采用成品构件或标准图。如琉璃瓦件、墙面图案、栏杆汀步等都是个性化的设计并使之符合主题性格。

盆景园建成后获北京市优秀设计一等奖，建设部优秀设计二等奖。

注：本项目的设计人还有：贾海丽、孙洁（园林绿化），柳潞（建筑）等。

实例（B）德国柏林马灿公园得月园（彩页图 2-2-1 ~ 图 2-2-21）

在柏林建中国园是一位名叫杜尼约克（已故）的德国友人的倡议，后来成为北京市和柏林市结为友好城市协议中的一个文化交流合作项目。1994 年开始设计，1997 年开始分期施工，2000 年建成开园，但到 2006 年才最后完成全部设计内容。

该园位于柏林东部马灿区的马灿公园内，中文名"得月园"，有庆贺两德统一、民族团圆的含义。

柏林方面要求得月园应该是纯正的中国式园林，并实行开放型管理。最终之所以选择了南式风格，一方面因为南式园林布局较为灵活，容易适应场地；更直接的理由是南式建筑没有彩画，相对可以节约投资和养护的成本。得月园的木、瓦、石等建筑材料和叠山、特置所用山石均来自中国，建成后获得了出乎意料的成功，赢得了民众和专业界对中国园林艺术的高度认可。其所在的马灿公园因此于 2000 ~ 2008 年陆续建设了包括得月园等共 7 个世界典型风格的园中园，成为展示世界园林文化的特色主题公园了。

得月园建成后在国内获北京市优秀设计一等奖，建设部优秀设计二等奖；在德国获 2005 年十佳最美新园林奖。

注：本项目的设计人还有：丘荣、张新宇（园林绿化），高煜（建筑）等。

实例（C）颐和园耕织图景区复建（彩页图 2-3-1 ~ 图 2-3-18）

这个复建工程不是一个单纯的设计项目，因为它牵扯到文物古迹，而且牵扯到清漪园和颐和园两个时代的历史。开始的时候我们打算完全恢复这个景区清漪园时代的面貌，在和文物部门协调之后认为，根据《文物保护法》，颐和园时代的遗存建筑和建筑基址也要保留。所以最终的设计概念是恢复清漪园耕织图景区的格局，同时把颐和园时代在这里改建"水师学堂"后遗留下来的建筑纳入到这个格局之中。清漪园时代耕织图景区是由延赏斋、水村居和织染局三部分构成的，景区之所以名为"耕织图"，是因为在核心建筑延赏斋两侧游廊的墙壁上，镶嵌了四十块由元代画家程棨所绘"耕织图"的石板。颐和园时延赏斋全废，织染局改建为水师外学堂（前水师学堂），废水村居并在其用地上建水师内学堂（后水师学堂）。我们的设计是将延赏斋按遗留的基址完整恢复；整修保留比较完整的水师外学堂，在院内拆除非文物建筑腾出来的空地上增添一些园林景观；利用水师内学堂几排遗存建筑重新设计水村居，并且要重现清漪园时代的神韵。实践的效果表明，这样的做法还是比较恰当的。

复建完成后获北京市优秀设计一等奖，建设部优秀设计一等奖，国际风景园林师联合会亚太区第六届风景园林土地管理类杰出奖。

注：本项目的设计人还有：朱志红、郭泉林（园林绿化），高煜（建筑）等。

实例（D）北京 2013 年园博会古民居展区（彩页图 2-4-1 ~ 图 2-4-19）

2013 年北京园博会和以往不同的新内容之一是规划了一个古代民居和居住环境的展示区，位于园博会的最北端，占地近 200 亩，与主展区相隔一座鹰山。这样很便于会后的利用。

中国古代民居的地方风格极其多样，限于场地只选择了北京四合院和徽州式民居来代表南北两大派。因为作为园博会的民居展区，重要的并非建筑风格的展示，而是希望利用这次比较宽松的设计条件，创造出一个能表达中国传统文化理想中的人居环境。

最后确定的规划是将 16 套院落分为三个组团。南北两个组团为京式四合院，中间组团为徽派建筑，每套院落都附带一个花园。重点展示区是南部和中部。南部组团是四套三面临水的京式四合院，与通常封闭院落不同的是，东侧临水一面是开敞的。与京派院重复模式不同，徽派院的平立面形式差别较大。由于现存的徽派民居庭院都很小，所以园林设计主要借鉴苏州的风格。

这里的环境主要是一个和建筑密切结合的水系。主水系为两条平行的水体。第一条在南部组团与鹰山之间，为自然式水池；第二条在南部京式四合院和中部徽派组团之间，为直折式河道，取意江南水街、水岸的风情。鹰山上建有园博园的标志建筑永定塔和文昌阁，由于因借得宜而成为这个展区的最生动的借景。

注：本项目的设计人还有：朱志红（项目总协调人）、郭泉林（园林绿化设计主持人）、刘杏服（建筑设计主持人）等。

设计实例图片

实例（A）北京植物园盆景园

图 2-1-1　1988 年方案草图

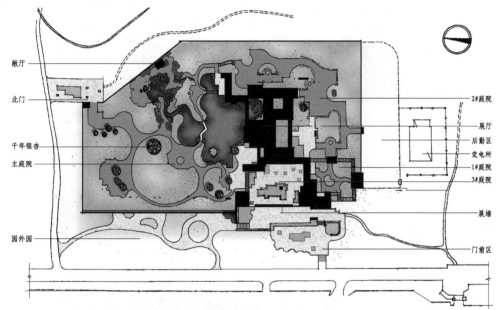

图 2-1-2　北京植物园盆景园平面及地栽桩景位置图（电脑作图：侯爽）

图 2-1-3　利用场地和外部的高差创造出属于自己的特色，从"园外园"俯瞰盆景园的效果

图 2-1-4　在挡土墙上加石栏取代围墙，让内外空间尽量没有分隔

图 2-1-5　入口前的竖向处理

图 2-1-6　主庭园是一个大盆景。临水的建筑主立面朝向主庭园，没有拘泥面
南背北的常规

图 2-1-7　主庭园布局是自然式的，可以融入周围的自然风景；同时自成一个景观系统，给人一种"大中见小"，看"大盆景"的感觉

图 2-1-8　唯一的建筑敞轩和山石溪涧在主庭园东部，与展厅斜对

　　三面环山的优美环境是盆景园得天独厚的条件。

图 2-1-9　北山为屏，尽显苍翠　　　图 2-1-10　东山薄雾，倒影婆娑

图 2-1-11　西山日暮，漫洒余辉

图 2-1-12　1# 庭院是主要由花架围合起来的过渡空间，院中种植梅花

图 2-1-13　2# 庭院是盆景园的室外展场，路边石台可展摆盆景，亦可供游人坐息

图 2-1-14 1#庭院和2#庭院的空间是"流通"的

图 2-1-15 3#庭院的构图以直角和直线为主，与主庭园的自然曲线有所对照

图 2-1-16 占主庭园核心位置的是盆景园的镇园之宝——一棵树龄逾千年的古银杏桩

图 2-1-17 临水多用柽柳桩，形态潇洒

图 2-1-18 榔榆树桩在真的盆景中也经常使用

图 2-1-19 细部设计的追求是简约而精致，原则上不套用标准图，图中为局部小景和曲桥

图 2-1-20 建筑墙面装饰图案和过水汀步　　图 2-1-21 入口装饰牌坊，横额取意陈毅元帅"立体的画，心灵的诗"

图 2-1-22 人造假木桩驳岸

实例（B）德国柏林马灿公园得月园

图 2-2-1　得月园区周围环境的航拍图

图 2-2-2　1994 年初作者在柏林考察
现场期间所绘设计意向的草图

图 2-2-3　得月园竣工后，为配合宣介绘制的效果图

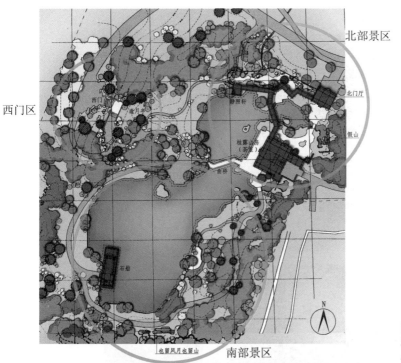

西门区

北部景区

南部景区

图 2-2-4　得月园总
平面图（电脑作图：
侯爽）

图 2-2-5　门内的庭
院空间都是自然式的

图 2-2-6　虽然风格是南式，但和苏州的宅园相比，得月园是一个布局疏朗的中式园林

图 2-2-7 得月园的核心建筑是个茶室，位于山水之间，名为"桂露山房"，前面有临水的平台，平台上的露天茶座最受游客欢迎

图 2-2-8 茶室与北门厅之间的园林是得月园最有代表性的场景

图 2-2-9 北门厅西侧园墙与游廊之间是一个狭长形的庭院空间

图 2-2-10 北部景区用一条三岔形不规则的游廊连接三座建筑和划分空间

图 2-2-11 游廊分岔处有个小平台可以赏景

图 2-2-12 西段游廊同时取景"静照轩"和"邀月亭"

图 2-2-13 "静照轩"与茶室隔水相望

图 2-2-14 曲桥是全园南北景区的分界,北部紧凑,南部空阔

图 2-2-15 石舫是南部的主要建筑,后来经常被用为结婚的小礼堂

图 2-2-16　西入口是开放型的，影壁和粉墙只是起划分空间作用的形式"符号"

图 2-2-17　西入口和马灿公园之间的衔接非常自然，感觉不到文化差异

图 2-2-18　园林小品和细节力求简雅——　图 2-2-19　与山石浑然一体的石灯
水中石塔

图 2-2-20 "也留风月也留山"是一个很独特的群置石组，内容亦为园林点题

图 2-2-21 为方便公众游览，对中国传统园林的惯例做了一些调整，如普遍加宽了路面

实例（C）颐和园耕织图景区复建

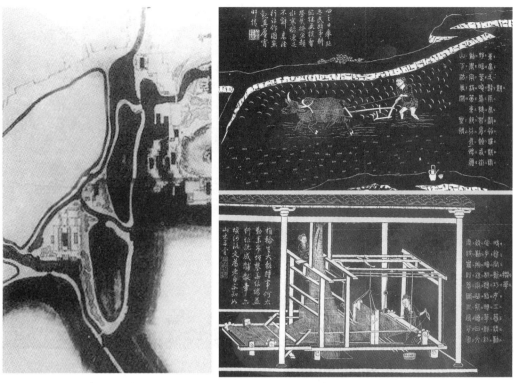

图 2-3-1 道光咸丰年间耕织图区域平面 图 2-3-2 耕织图石刻板之一
图（引自《颐和园》）

图 2-3-3 恢复景区前的现状图，颐和园时期两个水师学堂的位置和格局很明确

图 2-3-4　方案过程中的效果图（最初甲方曾考虑复建织染局和水师内学堂）

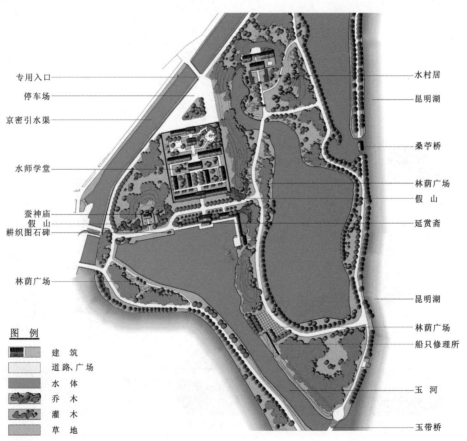

图 2-3-5　耕织图景区复建总平面图（定案）

图 2-3-6　延赏斋是耕织图景区最核心的一组建筑，复建保留了驳岸基址和部分条石等原物

图 2-3-7　延赏斋两侧游廊镶嵌着刻有程棨所绘"耕织图"的石板

图 2-3-8　透过玉河斋看东部的澄鲜堂

图 2-3-9　向东可借景佛香阁

图 2-3-10　水师学堂的正厅基本上完整保留了下来

图 2-3-11　复建的垂花门，门前山石上刻着这里两个时期的历史沿革

图 2-3-12 在东北部空地造了一个简单的小花园，取名"织造花园"

图 2-3-13 西部做了一块绿化的场地，可以借景玉泉山

图 2-3-14 利用水师内学堂遗存的原构建筑重新营建水村居。在入口处用竹篱棚架围成一个前庭

图 2-3-15　修复建筑尽量采用民间做法，尽可能让空间显得灵活一点

图 2-3-16　重点处理入口前面的环境，强调水村的天然野趣

图 2-3-17　蚕神庙也是与耕织内容有关的点题景观

图 2-3-18　景区核心部分尽量恢复自然野趣的环境气氛，古树要全部保留，新栽要呈现田园风情。图为水师学堂院外保留的古桑

实例（D）北京 2013 年园博会古民居展区

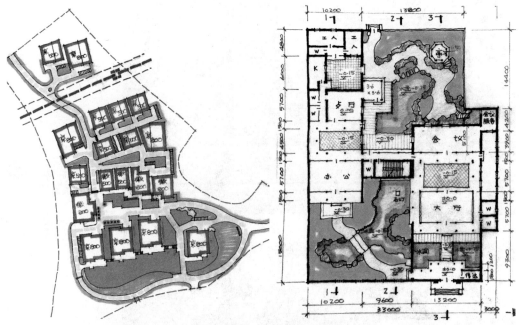

图 2-4-1　北京 2013 年园博会古民居展区场地规划方案草图　　图 2-4-2　徽派院落方案草图

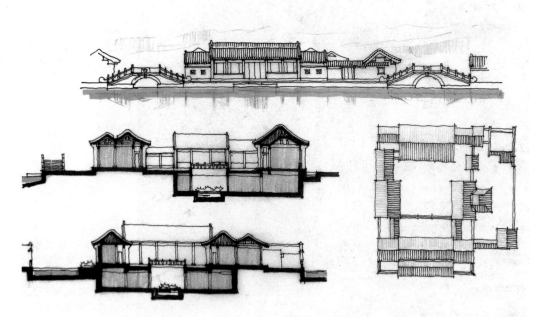

图 2-4-3　临水京式院落方案草图

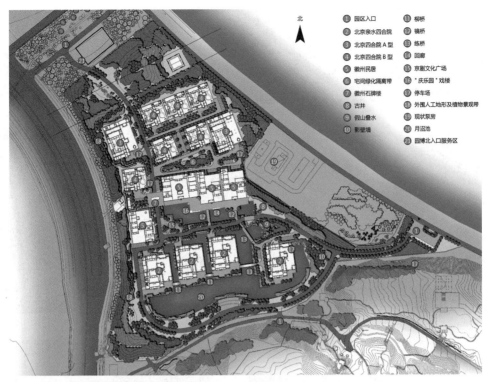

图 2-4-4　实施版总平面图

图 2-4-5　鸟瞰图

图 2-4-6　建成后的总体效果

Legend (图 2-4-4):

① 园区入口
② 北京亲水四合院
③ 北京四合院 A 型
④ 北京四合院 B 型
⑤ 徽州民居
⑥ 宅间绿化隔离带
⑦ 徽州石牌楼
⑧ 古井
⑨ 假山叠水
⑩ 影壁墙
⑪ 柳桥
⑫ 镜桥
⑬ 练桥
⑭ 回廊
⑮ 京剧文化广场
⑯ "庆乐园"戏楼
⑰ 停车场
⑱ 外围人工地形及植物景观带
⑲ 现状泵房
⑳ 月沼池
㉑ 园博北入口服务区

图 2-4-7　南部组团前有一个大的水面

图 2-4-8　绿树掩映中院落开敞的效果

图 2-4-9　两院之间的水"胡同"

图 2-4-10　单个院落全景

图 2-4-11　南部自然式水体，文昌阁在水面上倒影生动

图 2-4-12　京、徽两个组团之间的平桥是观赏永定塔的极佳位置

图 2-4-13　不同风格的建筑因相隔水面而没有不和谐的感觉

图 2-4-14　徽派院落前的直折式水街和文昌阁借景

图 2-4-15　徽派组团外景和绿化广场

图 2-4-16　水街转角处的敞轩和游廊，南方水镇里常见

图 2-4-17　一所独立的徽派院落，与敞轩互为对景

图 2-4-18　入口、敞厅和水池

图 2-4-19　徽派院落内庭园，借鉴苏州的风格

终篇絮语

清华大学和中国风景园林学会 2013 年 10 月主办了一个国际学术会议，我未与会但得到了一本名为《明日的风景园林学》的论文集。我很赞赏这个题目，作理论研究的人一定要时常抬起头来展望明天才能把握并指引今天。而从另一方面说，要展望明天，还必须认识昨天。我希望通过《史鉴文魂》对中国园林历史简要的解析，可以帮助读者将关于昨天的知识进一步思考和整合一下，从更高更广的角度审视它对于今天和明天的意义。

20 世纪 80 年代，我以为较之形式应该更为关注形式背后的文化观念。20 多年后，我觉得文化之于园林的意义已经无须赘言，但需要把当下良莠混杂、互相缺乏内在联系的文化"碎片"加以甄辨和梳理，建立起一个理性、系统、逻辑完整的历史理论框架。唯有如此才能使中国悠久而广博的园林文化里面最核心、最有价值的东西得到持续的传承并发扬。

本书我还想表达的一个心得是：研究园林的历史应该特别注重其文化的演进脉络和价值取向的形成和转变，这才是园林存在的理由和发展的动力，它可能比通常对应皇朝断代史所做的园林史分期更有助于解释在中国为什么产生了如此这般的园林艺术。此外我还注意到，园林的文化概念和造园的实践活动之间存在着一定的时间差。比如魏晋时已很流行到唐代已很充实的文化概念，直至宋代才全面转化为成熟的园林艺术实践；而晚期最终的异化和衰落，在宋明的一些对园林文化的演绎乃至部分实例中就已经初露端倪。园林史研究在"文化论"和"实践论"之间的异见（如有学者认为，中国古代园林到宋代就开始衰落了，而更多学者认为是在明末乃至清中叶）很可能是这个时间差造成的。因此对园林史也需要有更为全面和科学的解读。周维权老师在世的时候我们曾经讨论过有关的一些想法，老师亦以为然。

"设计选例"原计划是做"史鉴文魂"的附录，但两者之间并无必然的联系，索性分为理论和实践两个部分，看起来可能更方便。由于彩页有限，图片删减了一些。

有朋友建议我再增加一些内容，毕竟出本书不容易。而我觉得一辈子做的事林林总总虽然不少，但真正值得推荐给大家尤其是后人的并不很多；重要的是，让更多的人把经过认真选择出来的思维和创作的成果和大家分享，个体的贡献或许有限，积累起来就可以构成中国园林学术的大厦；从读者的角度考虑，学术书籍少而精一些也许更适宜。

最后，衷心感谢孟兆祯先生为本书作序、题字，刘少宗先生为本书作跋；衷心感谢夏成钢先生激情、深入的序言。衷心感谢北京园林古建设计研究院有限公司领导的支持和赞助，感谢出版本书的中国建筑工业出版社。再次感谢刘晓明教授为本书面世所提供的帮助，感谢他的学生雷晨为本书编写所做的大量工作；同时希望凡惠阅拙作的读者批评指正。

金柏苓

2014 年 6 月

谨以此书纪念我已故的导师周维权先生。

跋

　　读了柏苓同志的"史鉴文魂"后，感到书中所涉及的内容广泛而深入并且有独到的见解。这和他认真的学习、多年的实践以及家庭环境等都有密切的关系。早年他在清华大学建筑系毕业，后又师从周维权教授就读硕士学位。周维权教授多年研究中国园林，著有经典的《中国古典园林史》一书。柏苓同志的父亲金承藻先生曾先后在清华大学和北京林业大学讲授建筑学。柏苓同志进入北京市园林古建设计研究院后历任建筑室主任、总工程师、院长等职，逐渐涉及园林设计的各个领域，因此对园林事业的思考就更为深入和全面。

　　"史鉴文魂"是在研讨中国园林从古至今漫长的历史过程中，从文化、政治、经济等多方面进行了详实的分析。文章强调"世间万物皆有盛衰"的道理，弥补了学术界因"中国园林历史悠久，内容丰富"而"论者不乏溢美其然者，而道其演进盛衰之所以然者鲜见"的缺憾。任何事物都有自己的发展规律，都存在着正反两方面的辩证关系。只有正确的历史观才能全面地认识历史也才能够借鉴古今。

　　从漫长的中国园林史包括一些国外的园林史联系到今天的园林建设事业，这是一件很不容易做到的论述。今天的园林设计以及园林理论的状况并不理想，严肃的学术讨论更是少见。书中提到的"广场热"以及之前园林设计中的"假山热"、"建筑热"、"喷泉热"等等，一方面是我们的科研、知识贫乏，一方面也缺少理论的切磋。特别是改革开放后各种思潮、各种形式大量涌进，有的比较成熟，有的则名不副实。造成了"乱花渐欲迷人眼"的态势并助长了"追求浮华和功利"的世风。

　　柏苓同志在北京市园林古建设计研究院工作 30 多年的岁月里，其设计在古园林中添建者有之；在新的自然环境中创新者有之；在国外建设中国式园林有之。很多项目都获得了优秀设计奖。因此，他在这样的实践和学识的基础上对古今园林项目所作的深刻分析值得我们认真地理解和学习。

　　期待着柏苓同志继续写出更多的著述，为我们的园林事业做出更大的贡献。

刘少宗

2014 年夏

（刘少宗，北京市园林古建设计研究院首任院长，该院主要创始人）

图书在版编目（CIP）数据

中国风景园林名家名师 金柏苓/金柏苓著．—北京：中国建筑工业出版社，2014.12

ISBN 978-7-112-17265-8

I.①中… II.①金… III.①古典园林－历史－中国－文集②园林设计－中国－图集 IV.①TU986.2-64 ②K928.73-53

中国版本图书馆CIP数据核字（2014）第236024号

责任编辑：杜　洁　兰丽婷
责任设计：董建平
责任校对：王雪竹

中国风景园林名家名师
中国风景园林学会　主编

金柏苓

*

中国建筑工业出版社出版、发行（北京西郊百万庄）
各地新华书店、建筑书店经销
北京嘉泰利德公司制版
北京中科印刷有限公司印刷

*

开本：787×1092毫米　1/16　印张：12　字数：242千字
2015年1月第一版　2015年1月第一次印刷
定价：**59.00**元
ISBN 978-7-112-17265-8
　　　（26026）